Innocent Kouassi Kouame
Issiaka Savane

Analyse du risque de contamination de la nappe d'Abidjan

Innocent Kouassi Kouame
Issiaka Savane

Analyse du risque de contamination de la nappe d'Abidjan

Risque de contamination de la nappe d'Abidjan dans la zone de la décharge d'Akouédo à partir d'un modèle mathématique

Presses Académiques Francophones

Impressum / Mentions légales
Bibliografische Information der Deutschen Nationalbibliothek: Die Deutsche Nationalbibliothek verzeichnet diese Publikation in der Deutschen Nationalbibliografie; detaillierte bibliografische Daten sind im Internet über http://dnb.d-nb.de abrufbar.
Alle in diesem Buch genannten Marken und Produktnamen unterliegen warenzeichen-, marken- oder patentrechtlichem Schutz bzw. sind Warenzeichen oder eingetragene Warenzeichen der jeweiligen Inhaber. Die Wiedergabe von Marken, Produktnamen, Gebrauchsnamen, Handelsnamen, Warenbezeichnungen u.s.w. in diesem Werk berechtigt auch ohne besondere Kennzeichnung nicht zu der Annahme, dass solche Namen im Sinne der Warenzeichen- und Markenschutzgesetzgebung als frei zu betrachten wären und daher von jedermann benutzt werden dürften.

Information bibliographique publiée par la Deutsche Nationalbibliothek: La Deutsche Nationalbibliothek inscrit cette publication à la Deutsche Nationalbibliografie; des données bibliographiques détaillées sont disponibles sur internet à l'adresse http://dnb.d-nb.de.
Toutes marques et noms de produits mentionnés dans ce livre demeurent sous la protection des marques, des marques déposées et des brevets, et sont des marques ou des marques déposées de leurs détenteurs respectifs. L'utilisation des marques, noms de produits, noms communs, noms commerciaux, descriptions de produits, etc, même sans qu'ils soient mentionnés de façon particulière dans ce livre ne signifie en aucune façon que ces noms peuvent être utilisés sans restriction à l'égard de la législation pour la protection des marques et des marques déposées et pourraient donc être utilisés par quiconque.

Coverbild / Photo de couverture: www.ingimage.com

Verlag / Editeur:
Presses Académiques Francophones
ist ein Imprint der / est une marque déposée de
OmniScriptum GmbH & Co. KG
Heinrich-Böcking-Str. 6-8, 66121 Saarbrücken, Deutschland / Allemagne
Email: info@presses-academiques.com

Herstellung: siehe letzte Seite /
Impression: voir la dernière page
ISBN: 978-3-8381-4220-3

TABLES DES MATIERES

AVANT-PROPOS

Le présent mémoire est le fruit d'un travail réalisé à l'UFR SGE de l'Université d'Abobo-Adjamé en collaboration avec le Centre de Recherche en Ecologie (CRE).

J'adresse mes sincères remerciements au Prof. ISSIAKA SAVANE, Directeur de l'UFR SGE qui a accepté de diriger cette thèse. La confiance qu'il m'a accordée, son enthousiasme et son optimisme m'ont permis de mener à bien ces travaux dans les meilleures conditions possibles. Que ses qualités humaines soient ici saluées.

Mes remerciements vont à l'endroit de Madame YAO YAO et à tout le personnel de la Commission Nationale de l'Unesco qui avec ces périodes difficiles que traverse le pays, ont cru en cette thèse et ont apporté un appui financier pour l'exécution des différents travaux.

A la direction générale de la SODECI et à tout le personnel, j'adresse mes sincères remerciements pour leur ouverture et leur disponibilité. Je remercie particulièrement Monsieur KOPOIN KOPOIN, chef d'exploitation du service technique pour avoir mis à ma disposition le matériel et le personnel nécessaire pour le bon déroulement des travaux. Je ne voudrais pas oublier Messieurs Tonga, Bamba et Touré.

Je voudrais adresser mes salutations au Dr. MARTINE TAHOUX, Directeur du Centre de Recherche en Ecologie (CRE) qui m'a accepté dans sa structure pendant ces années de thèse.

De même notre gratitude va :

Aux professeurs GHISLAIN DE MARSILY de l'Université de Paris VI, CLAUDIO PANICONI de l'Institut National de la Recherche Scientifique (INRS), Centre, Eau Terre et Environnement du Canada, KOUAME AKA, responsable du troisième cycle de l'UFR des Sciences de la Terre et des Ressources Minières (STRM) de l'Université de Cocody, HERVE JOURDE de l'Université de Montpellier II pour avoir contribué favorablement à l'amélioration du contenu de ce document.

A tous nos enseignants de l'Université d'Abobo-Adjamé et de Cocody. Je voudrais m'adressé particulièrement aux :

- Prof. GERMAIN GOURENE, pour avoir accepté de présider mon jury ;
- Prof. JEAN BIEMI pour avoir permis l'existence de la filière Sciences et Techniques de l'Eau (STE);
- Prof. NAGNIN SORO pour avoir accepté de lire cette thèse;
- Dr. BI TIE ALBERT GOULA, responsable de formation de la filière STE, pour sa grande disponibilité et ses conseils.
- Dr. INZA DOUMOUYA qui m'a apporté son soutien matériel et des encouragements;
- Dr. LANCINE GONE, Dr. ALEXIS N'GOH et Dr. KOUADIO KOFFI pour avoir pris une part active dans l'exécution des travaux et dans la rédaction du mémoire;
- Dr. JEROME TONDOH, Dr. SOULEYMANE KONATE et Dr. BROU KONAN pour leurs conseils et leurs encouragements.

A Monsieur MAMADOU DIALLO de la SCB qui nous a permis d'analyser plus facilement les échantillons de sédiment ;

A Monsieur DJOUSSOU du Laboratoire National d'Essai, de Métrologie et d'Analyse (LANEMA) qui nous a facilité les analyses physico-chimiques des eaux ;

Aux chefs de village et aux habitants d'Akouédo, de M'badon et de M'pouto qui nous ont accueilli et accepté que les travaux se déroulent sur leur territoire.

A tout le personnel administratif et technique de l'Université d'Abobo-Adjamé et du Centre de Recherche en Ecologie, spécialement à mesdames FATOU KOUMARE, CATHERINE COULIBALY, VERONIQUE GREGOHI et messieurs TANOH VINCENT, feu MARCEL KOUASSI et MICHEL KABI.

A tous mes parents, car ils ont su créer autour de moi un environnement favorable à mon épanouissement et à la réussite de mes études. Je les remercie pour tous les efforts qu'ils ont consentis au cours de ces longues années. Je voudrais avoir une pensée particulière à mes parents, en particulier Messieurs KOUADIO RAYMOND KONAN, PAUL KOUAME KOUAKOU, Ms. et Mmes JOSEPH KOUAME, Dr. RENE ALLOU et Dr. JEAN KOUADIO.

A tous les étudiants du laboratoire des Eaux continentales : ARISTIDE DOUAGUI, EVRARD KOUTOUAN, VAMORYBA FADIKA, AMENAN EVELYNE KOUASSI et COULIBALY NAGA.

A tous mes amis LAZARE KOUAKOU KOUASSI, KOFFI FELIX KONAN, KPATA EDITH, W. ARTHUR KONAN, Dr. EMMANUEL KONAN KOUADIO, JEAN YVES BRIGHT, YAO GERMAIN KOUABENAN, KOUAME KOFFI, YACOUB ISSOLA, MATHIEU N'DA, Dr. DENIS GOH, KOUAKOU FRANCIS YAH et N'GUESSAN DENIS KOUAKOU.

A ma fiancée AMENAN ANGELE BALOU et à sa famille qui m'ont apporté leur soutien.

DEDICACE

Je dédie ce travail à ma très chère mère ASSIE AMOIN JEANNE qui a su me donner le courage et l'attention nécessaires pour que je puisse arriver à ce niveau.

Trouve dans ce travail la joie pour moi d'être ton fils et toi ma mère.

Puisse le Tout Puissant t'apporter le bonheur espéré.

SIGLES ET ACRONYMES

ACP : Analyse en Composantes Principales

ACPN: Analyse en Composantes Principales Normées

ATSDR : Agency for Toxic Substances and Disease Registry

DHH : Direction de l'Hydraulique Humaine

EPA : Environmental Protection American Agency

ETP : Evapotranspiration potentielle

ETR : Evapotranspiration réelle

EVC : Evaluation des Variabilités Climatiques

Fig. : Figure

FIT : Front Inter-Tropical

GPS : Global Positionning System

HSDB : Hasardous Substances Data Bank

MAE: Mean Absolute Error (Erreur Absolue Moyenne)

ME: Mean Error (Erreur Moyenne)

MES : Matières en Suspension

MNT: Modèle Numérique de Terrain

MOC : Method Of Characteristics

MT3D : Modèle de Transport à 3 Dimensions

NCSS : Number Cruncher Statistic

CCT : Centre de Cartographie et de Télédétection

BNETD : Bureau National d'Etude Technique et de Développement

NR: Nord Riviera

NTK: Azote total Kjeldhal

OMS : Organisation Mondiale de la Santé

pH : Potentiel d'Hydrogène

RC : Riviera Centre

RFU : Réserve Facilement Utilisable

RMS: Ecart Quadratique Moyen

SODECI : Société de Distribution d'Eau de la Côte d'Ivoire

SODEXAM: Société de Développement et d'Exploitation Aéroportuaire et de la Météorologie

SOGREAH: Société Grenobloise d'Etudes et d'Applications Hydrauliques

UTM: Universal Translation Mercator

VER: Volume Elémentaire Représentatif

ZE : Zone Est

LISTE DES FIGURES

LISTE DES TABLEAUX

RESUME

Les travaux de recherche présentés dans ce mémoire ont pour objectif principal de modéliser le transfert des polluants issus de la décharge d'Akouédo sous l'influence du pompage effectué au niveau des champs captants de la zone.

Dans un premier temps, nous avons évalué les paramètres physico-chimiques au niveau des lixiviats et des sédiments de la décharge. L'étude a ainsi montré que les lixiviats présentent des teneurs élevées en DCO, DBO_5, MES, NO_3^-, SO_4^{2-}, Cl^-, NTK et Na^+. Au niveau du sol, les métaux lourds comme le zinc, le cadmium, le fer, le cuivre sont fortement adsorbés sur les couches riches en matière organique et en argile. Par contre, le chrome n'est pas beaucoup retenu par les couches.

Dans un deuxième temps, la recherche de la qualité actuelle des eaux de forages du champ captant NR a aussi permis d'étudier le mécanisme de recharge et d'acquisition de la minéralisation. Il ressort que les eaux des forages sont de bonne qualité pour la boisson et que la recharge de la nappe au niveau de la zone d'Akouédo commence un ou deux mois après la grande saison des pluies et s'étend sur 2 à 4 mois. Aussi, ces eaux acquièrent-elles leur minéralisation à partir de l'encaissant pendant les grandes saisons sèche et pluvieuse, alors que pendant les petites saisons sèche et pluvieuse, les eaux s'enrichissent en éléments d'origine superficielle.

Enfin, la modélisation a permis de restituer l'écoulement des eaux de la zone d'étude et à partir d'un modèle de transport superposé au modèle d'écoulement, de déterminer le sens et le temps de migration des polluants de la décharge sous l'influence des débits de pompage actuels. Le débit de pompage critique susceptible d'entraîner la pollution des eaux souterraines à partir du champ captant NR a été obtenu pour un pompage correspondant à plus de 2 fois le débit moyen actuel (6000 m^3/jour par forage) aussi bien lorsqu'une variation de débits est appliquée seulement au champ captant NR que lorsque la variation est appliquée aux trois champs captants de la zone d'Akouédo.

Mots clés : décharge, lixiviat, aquifère, contamination, modélisation

ABSTRACT

The research works presented in this Thesis have as a principal objective to model the transfer of the pollutants resulting from the Akouédo landfill under the influence of pumping carried out at the groundwater collecting fields.

At first, we evaluated the physicochemical parameters in the leachates and the soil of the landfill. The study showed that the leachates are very rich in COD, BOD, MES, NO_3^-, SO_4^{2-}, Cl^-, NTK and Na^+. In the soil, heavy metals like zinc, cadmium, iron, and copper are strongly adsorbed on the layers rich in organic matter and clay. However, Chromium is not much retained by the layers.

In the second time, the current quality assurance of water of drillings of the Northten Riviera groundwater field collecting also allowed to study the mechanism of refill and acquisition of minerals. It arises that water of drillings is of good quality for drink and that the refill of the water of Akouédo area begins one or two months after the great rain season and extend on 2 to 4 months. These waters acquire their minerals from the bedrock during the great dry and rainy seasons whereas during the small dry and rainy seasons, they receive their elements from the surface.

Finally, modelling allowed to restore the water runoff of the study zone and starting from a transport model overlaid on the flow model, to determine the direction and the time of migration of the landfill pollutants under the influence of the current flows of pumping.

The flow of critical pumping likely to involve the ground water pollution starting from the field collecting NR was obtained for a pumping corresponding to more than 2 times the current medium flow (6000 m^3/day by drilling) as well when a variation of flows is applied only to the NR field collecting that when the variation is applied to the three collecting fields of Akouédo area.

Key words: landfill, leachates, aquifer, contamination, modelling

INTRODUCTION

Les eaux souterraines constituent approximativement les deux tiers des ressources mondiales en eau douce exploitable (Banton et Bangoy, 1997).

Leur utilisation pour les besoins domestiques s'est accrue à partir de 1950 à cause de la poussée démographique, mais surtout de la pollution et du tarissement des eaux de surface qui sont à l'origine du développement des maladies hydriques. Malgré l'option d'exploitation des eaux souterraines, on assiste aussi depuis quelques années, à des problèmes de surexploitation et de pollutions qui altèrent plus fréquemment leur qualité.

En Afrique, les indicateurs de pollution sont fortement ressentis à travers les moyennes et grandes villes. Dans celles-ci, la population à alimenter en eau potable est de plus en plus importante, alors que les ressources en eaux souterraines se raréfient et sont menacées par le déversement des volumes importants d'agents polluants dans l'environnement.

En Côte d'Ivoire, singulièrement à Abidjan, les difficultés liés à la gestion des eaux souterraines qui alimentent la ville, constituent un problème majeur auquel la ville doit faire face.

En effet, Abidjan, principale ville du pays, abrite plus de 30% de la population ivoirienne avec un taux d'accroissement annuel de 3,9% (Anonyme 1, 2001). Face à cette démographie galopante, l'utilisation domestique et industrielle des ressources en eau pèse lourdement sur les réserves disponibles. Aujourd'hui, environ 284 000 m^3/jour d'eaux souterraines sont exploités pour satisfaire les besoins de la ville.

L'exploitation annuelle est passée de 56,7 millions de m^3 en 1985 à 103 millions de m^3 en 2002 et correspond à une croissance annuelle moyenne de 4,5 % (Anonyme 1, 2001). Aussi, les besoins en eau de consommation sont-ils estimés à 132 millions de m^3 à l'horizon 2008 contre 83 millions de m^3 en 1996 (Sogreah, 1996). A cette intense exploitation, viennent s'ajouter les risques de pollution de la nappe, suite au rejet important de déchets industriels et domestiques dans l'environnement urbain. D'après Yacoub (1999), l'analyse de la structure hydrogéologique de la région d'Abidjan laisse entrevoir des risques de pollution par les eaux usées, les dépôts d'ordures, l'épandage des pesticides ainsi que les eaux de pluies chargées de sels, et des risques de pollution liée à l'appel d'eau saumâtre lagunaire.

En outre, la complexité des structures hydrogéologiques, exige que des études spécifiques soient réalisées pour la satisfaction sans risque des besoins en eaux des populations (Banton et Bangoy, 1997). Les modèles mathématiques deviennent ainsi des outils précieux permettant de mieux comprendre le fonctionnement du système modélisé et de prédire des résultats futurs selon les différentes sollicitations ou d'évaluer la réponse du système à différents scénarii d'usage de ce dernier (Villeneuve *et al.*, 1998). Ces modèles, établis en fonction des hypothèses simplificatrices et des critères pris en compte lors du développement des outils informatiques peuvent constituer aujourd'hui des supports de prise de décision par les gestionnaires des ressources en eau (Banton et Bangoy, 1997; Dupont *et al.*, 1998).

Plusieurs études ont été réalisées sur la nappe d'Abidjan (Adou, 1972; Loroux, 1978 ; Aghui et Biemi, 1984; Jourda, 1987; Oga *et al.*, 1998 ; Diomandé, 1999, Yacoub, 1999, Kouadio *et al.* 2000 ; Kouamé, 2002 ; Ahoussi, 2003). Mais, seules les études de Sogreah (1996) portant sur l'exploitation limite de la nappe d'Abidjan ont été l'objet d'une modélisation mathématique. D'autre part, parmi ces études réalisées, celles portant sur la pollution de la nappe d'Abidjan (Kouamé, 2002 ; Ahoussi, 2003) ont en commun de s'intéresser à toute la région d'Abidjan et donc de faire une étude globale de pollution. Ces études ne permettent donc pas d'apprécier l'impact réel de chaque source de pollution sur les eaux de la nappe d'Abidjan. C'est donc pour répondre à cette préoccupation que nous nous sommes intéressés spécifiquement à la décharge d'Akouédo (décharge de la ville d'Abidjan). Cette étude se situe dans le même contexte que celles réalisées par d'autres auteurs sur l'impact des décharges sur les eaux de proximité (Nemescek *et al.*, 1995 ; Sophocleous *et al.*, 1996 ; Fernandes *et al.*, 1997; Abdelfettah, 1999 ; Billard *et al.*, 1999 ; Brun *et al.*, 2001 ; Bou-Zeid et El-Fadel, 2004 ; Tsanis, 2006 ; Scholl *et al.*, 2006). En effet, ces auteurs ont à partir de modèles mathématiques, suivi l'évolution des lixiviats des décharges municipales et évalué leurs impacts environnementaux associés, particulièrement sur la qualité des eaux souterraines des aquifères perméables sous-jacents.

La décharge d'Akouédo, construite depuis 1965 et classée au rang des décharges sauvages, reçoit environ 550.000 tonnes par an d'ordures ménagères et un peu plus du tiers des déchets industriels et certains déchets dangereux (Kouadio *et al.*, 2000). Aucun système de protection des eaux souterraines n'a été mis en place au niveau de la décharge. De plus, la période d'exploitation fixée entre 25 et 30 ans est dépassée. Or, non loin de cette décharge, se trouve le champ captant Nord Riviera qui comporte 10 forages d'exploitation avec des profondeurs moyennes de 80 m. Avec un débit d'environ 6000 m^3/jour/forage, ce champs qui capte les eaux du Continental Terminal, est le deuxième plus grand fournisseur d'eau à la ville d'Abidjan sur les huit champs exploités ; ce qui suscite des inquiétudes permanentes au sein des populations d'Abidjan.

Pour connaître les risques de pollution de la nappe par les déchets, afin de prendre des dispositions préventives, nous avons initié une étude dont le thème est : «**Analyse du risque de contamination de la nappe d'Abidjan dans la zone de la décharge d'Akouédo à partir d'un modèle mathématique**».

Pour réaliser ce travail, nous sommes partis de plusieurs hypothèses :

- la nappe d'Abidjan est menacée par le risque de contamination chimique à partir des polluants provenant de la décharge d'Akouédo.

- les systèmes hydrauliques de la région d'Abidjan sont indépendants ; par conséquent, la décharge n'a aucun impact sur la nappe.

L'objectif principal de ce travail est d'établir la relation qui existe entre la décharge d'Akouédo et la nappe d'Abidjan.

Il s'agira de façon spécifique de :

- quantifier les polluants de la décharge ;

- étudier la qualité des eaux de forages du champ captant Nord Riviera (NR) plus proche de la décharge;

- modéliser le transfert des polluants à partir de la décharge pour renforcer les hypothèses des études chimiques.

Pour atteindre ces objectifs, nous avons organisé le travail en trois parties.

La première partie est une synthèse bibliographique sur le cadre physique de la zone d'étude, les principaux paramètres physico-chimiques liés à l'infiltration des lixiviats des décharges et, les modèles hydrogéologiques d'écoulement et de transfert des polluants.

La seconde partie est consacrée à l'approche méthodologique d'acquisition des données chimiques et du modèle de simulation. Il s'agira de montrer dans un premier temps les méthodes de prélèvement et d'analyse des paramètres chimiques entrant dans le cadre de notre étude et dans un deuxième temps, de la mise en place d'un modèle conceptuel. Ce modèle conceptuel permettra d'identifier les unités hydrostructurales et les conditions aux limites du système. Ce stade précédera la simulation de l'écoulement des eaux et du transfert des principaux polluants qui inclut l'élaboration des grilles, la sélection des pas de temps, la mise en place des limites et des conditions initiales, la sélection préliminaire des valeurs des paramètres d'aquifère et des contraintes hydrologiques.

La troisième partie présente les principaux résultats obtenus lors de la caractérisation des paramètres chimiques et ceux des modèles d'écoulement des eaux et du transfert des polluants. Elle donne une interprétation des résultats et un diagnostic sur le risque de pollution des eaux de la nappe par la décharge d'Akouédo. Cette partie comporte également la conclusion générale de l'étude, les recommandations, les perspectives et les références bibliographiques.

PREMIERE PARTIE :

GENERALITES

1. PRESENTATION DE LA ZONE D'ETUDE

1.1. Situation géographique

La zone d'Akouédo est située à la périphérie-est de la ville d'Abidjan. Ses coordonnées sont situées dans le référentiel UTM, fuseau 30, entre 390 000 et 399 000 mètres en abscisses et entre 587.000 et 600 000 mètres en ordonnées (fig.1). Elle s'étend sur une superficie de 70 km². Elle regroupe essentiellement une partie des quartiers de Riviera et de M'pouto, le village d'Akouédo et les deux camps militaires. Les champs captants Zone Est (champs captant A), Riviera Centre (champs captant B) et Nord Riviera (champs captant C) sont localisés sur le site et constituent d'importantes usines de production d'eau par la SODECI. A proximité du village d'Akouédo, se trouve la décharge municipale de la ville d'Abidjan. La zone est limitée au Sud par la lagune Ebrié qui constitue la principale limite naturelle.

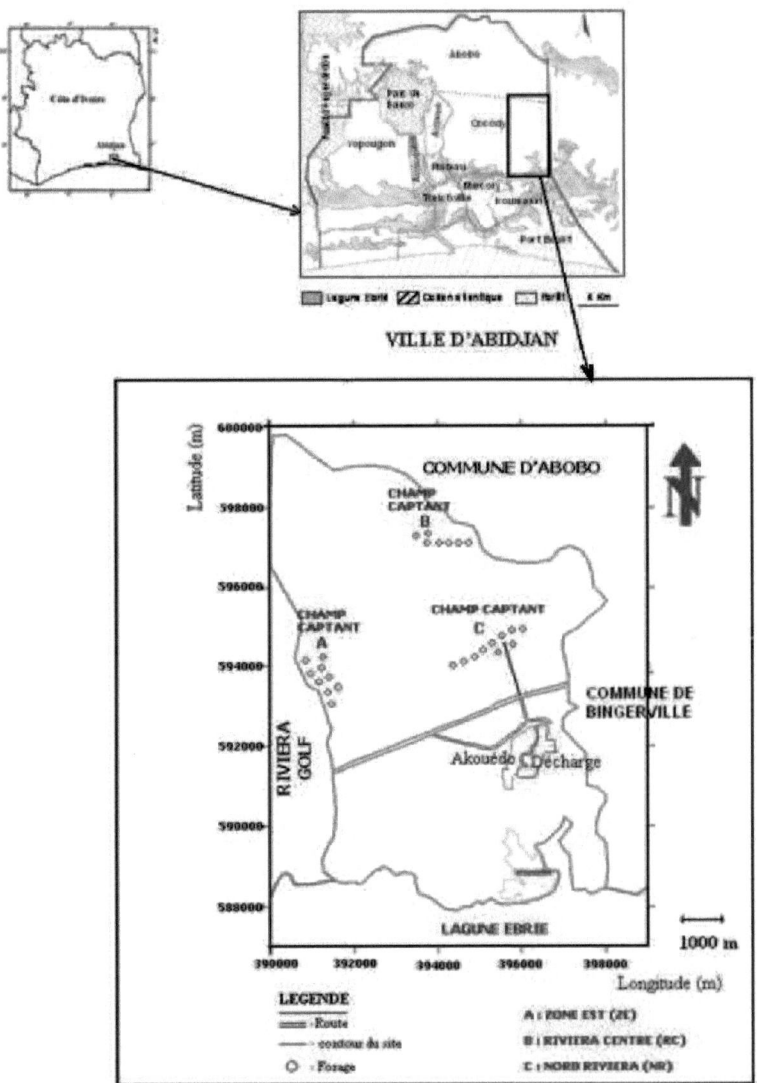

Fig. 1: Présentation de la zone d'étude

1.2.   Géomorphologie

En général, les altitudes de la zone d'Akouédo oscillent entre 0 et 120 m. Cette zone comporte des hauts plateaux (60 à 110 m) dans la partie nord du site et des bas plateaux (0 à 60 m) de M'badon jusqu'au village d'Akouédo (fig.2).

On y trouve d'importants thalwegs incisant la surface des plateaux et constituant des voies d'évacuation des eaux de ruissellement vers la lagune. La décharge d'Akouédo occupe l'un de ces thalwegs qui débouchent sur la lagune Ebrié au nord-ouest du village de M'Badon (Kouadio *et al.*, 2000).

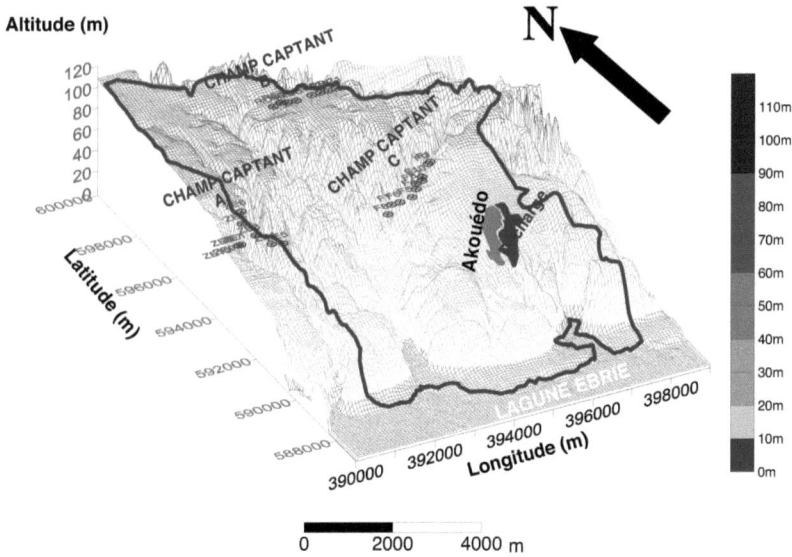

Fig. 2 : Présentation du Modèle Numérique de Terrain de la zone d'Akouédo

1.3.   Climat

La zone d'étude se situe dans la région du grand Abidjan qui a dans l'ensemble un climat équatorial de transition. Ce climat se divise en quatre saisons dans le cycle annuel (Tastet, 1979 ; Tapsoba, 1990) :

-    une grande saison sèche entre décembre et avril ;

-    une grande saison de pluies de mai à juillet ;

-    une petite saison sèche de juillet à septembre

-    une petite saison des pluies d'octobre à novembre.

La grande saison des pluies est centrée sur juin alors que la petite saison l'est sur octobre (Tastet, 1979). Il en est de même pour la grande et la petite saison sèche, centrées respectivement sur janvier et août. L'inégale répartition des deux saisons de pluie est due aux mouvements ascendant et descendant dans la direction nord-sud du FIT (Front Intertropical) (Tapsoba, 1990).

La ville d'Abidjan compte une station météorologique synoptique localisée à l'aéroport international Félix Houphouët Boigny d'Abidjan Port Bouët ($5°15'$N, $3°56'$W et 7 m d'altitude). Cette station mesure plusieurs paramètres dont la température, l'insolation, les précipitations, l'humidité et la pression atmosphérique.

1.3.1 Pluviométrie

La pluviométrie annuelle varie de 1500 à plus de 2500 mm par an, répartie entre 90 à 180 jours de précipitations (Combres et Eldin, 1971). Les relevés de la moyenne pluviométrique entre les périodes 1990 et 2000 ont permis d'avoir un minimum de 32 mm au mois de février et août, et un maximum de 457 mm au mois de juin (fig.3).

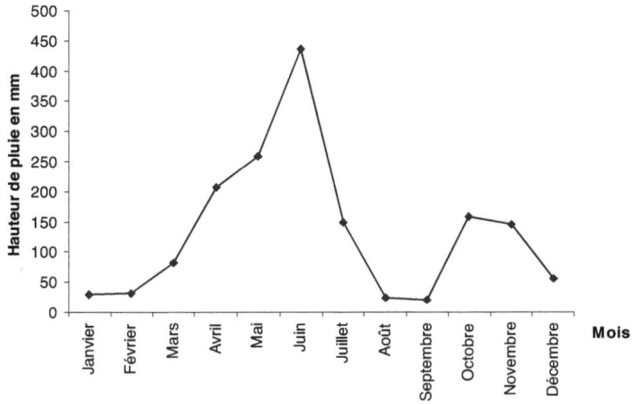

Fig. 3: Récapitulatif pluviométrique des moyennes mensuelles (mm) des précipitations de 1990 à 2000 de la ville d'Abidjan (source : SODEXAM)

1.3.2 Température et Insolation

Les moyennes mensuelles de température relevées sur la période de 1990 à 2000 à Abidjan (fig.4) ont montré que les mois de février, mars, avril et mai sont les plus chauds avec une température supérieure à

28°C alors que les mois les moins chauds sont ceux de juillet, août et septembre avec une température inférieure à 25°C (Tastet ,1979).

La variation annuelle de température est faible (+4°C) du fait de l'influence océanique. Il en est de même pour l'amplitude thermique mensuelle qui est de 7°C en saison sèche et de 5°C en saison pluvieuse (Tapsoba, 1995). L'insolation qui exprime la durée totale de l'ensoleillement en fonction du temps est en corrélation avec l'évolution de la température et la pluviométrie. Pour cette raison les données moyennes de l'insolation les plus courtes dans la région d'Abidjan s'observent au mois de juin, juillet, août et septembre qui sont des mois pluvieux ou pluvieux orageux caractérisés par la présence de nuages.

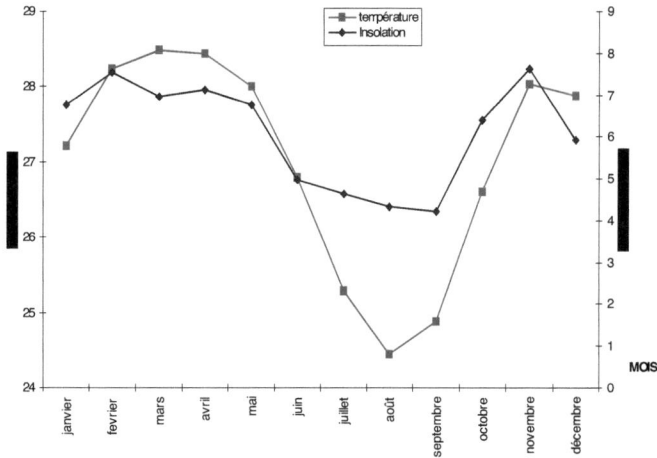

Fig. 4: Comparaison des variations de la température et de l'insolation moyenne mensuelle de 1990 à 2000 de la ville d'Abidjan (source : SODEXAM)

1.3.3 Hygrométrie

L'humidité relative de l'air de la région d'Abidjan est comprise entre 80% et 90% (fig.5). Les mois de juillet, août et septembre sont les plus humides avec une humidité relative supérieure à 86% tandis que ceux de novembre, décembre, janvier, février et mars sont moins humides.

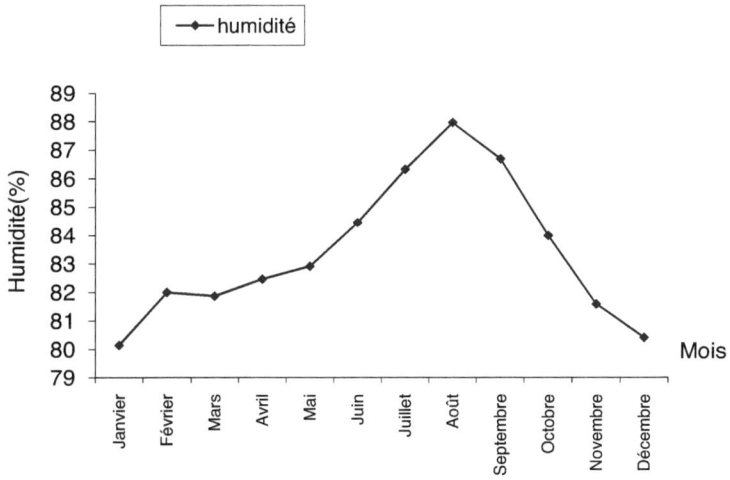

Fig. 5: Evolution de l'humidité relative de 1990 à 2000 de la ville d'Abidjan (source : SODEXAM)

1.4.   Géologie

La géologie du site est en général celle du bassin sédimentaire côtier à Abidjan.

1.4.1 Lithostratigraphie

Le bassin sédimentaire côtier ivoirien est d'âge crétacé supérieur à quaternaire, marqué par trois épisodes de transgression (Martin, 1973; Tastet, 1979). Ce sont les épisodes Albo-Aptien, Maestrichien-Eocène et Miocène inférieur. Dans ce bassin, on note la présence de deux lacunes à savoir les lacunes Fin Précambrien-Crétacé et Oligocène. En effet, les sols du Précambrien terminal et du début du secondaire sont absents sur tout le bassin (Aghui et Biémi, 1984). Le bassin sédimentaire est constitué de deux unités géologiques bien distinctes séparées par une discordance majeure avec la lacune Fin Précambrien-Crétacé :

- le substratum Précambrien représenté par les schistes métamorphiques et les granites intrusifs.

- les formations sédimentaires qui sont d'une grande variété.

1.4.2 Tectonique

Le bassin sédimentaire de Côte d'Ivoire est traversé par une faille Est-Ouest encore appelée faille des lagunes. Elle a un pendage sud, un rejet pouvant atteindre 5000 m et un tracé passant d'Ouest en Est par Grand-Lahou, Akounougbé et Allangouanou au Ghana (Aghui et Biémi, 1984). A Abidjan, la faille passe par la lagune Ebrié, au Sud de la zone d'Akouédo (fig. 6).

De part et d'autre de la « faille des lagunes », le bassin sédimentaire ivoirien présente deux parties distinctes :

Au Sud, les sédiments sont déposés sur un socle qui s'enfonce à 4000 m ou 5000 m de profondeur.

Au Nord, on trouve les sols de recouvrement qui pendent faiblement au Sud et leur épaisseur est d'environ 300 m.

Au niveau de la zone d'Akouédo, le bassin sédimentaire se caractérise par des terrains du Continental Terminal qui plongent du Nord au Sud et qui épousent en profondeur la topographie du toit du socle (Aghui et Biémi, 1984).

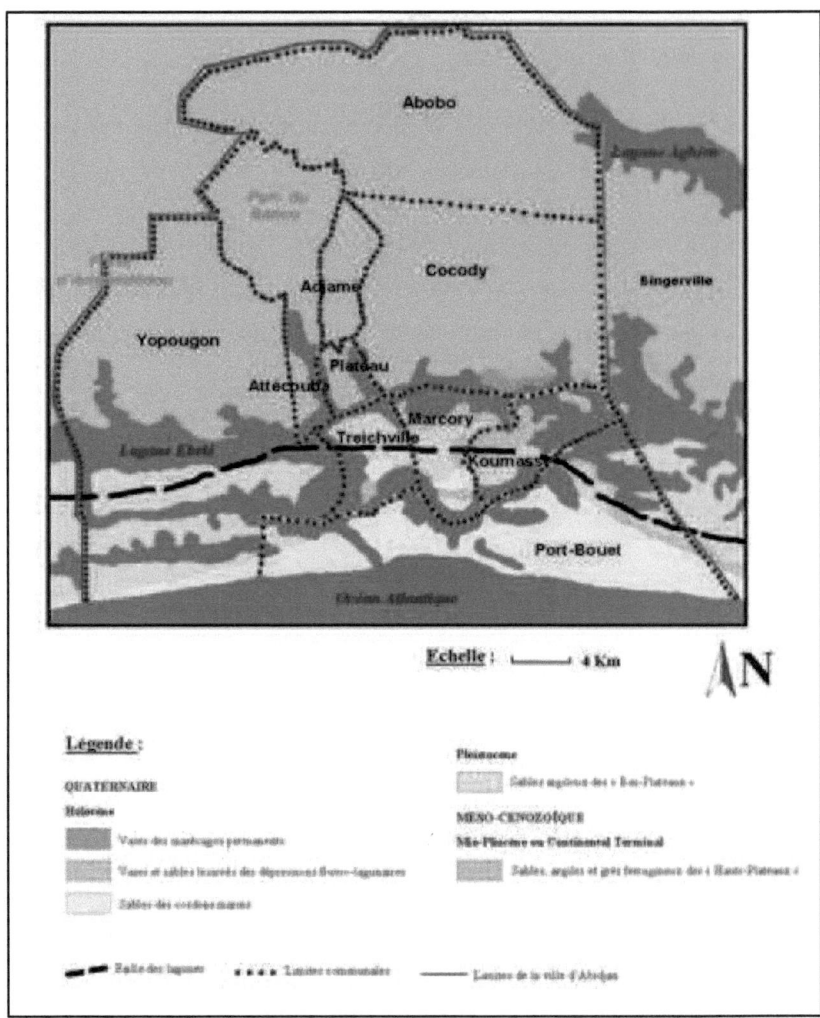

Fig. 6 : Aperçu géologique du bassin sédimentaire au niveau de la ville d'Abidjan

1.4.3 Topographie du toit du socle

D'après Aghui et Biémi (1984), la géophysique (résistivité électrique) montre que le socle est une formation résistante (> 6000 Ω.m). Il présente une morphologie peu accidentée dans la zone d'Akouédo (fig.7). Le pendage du socle est nord-sud et les altitudes se situent entre 30 et 120 m de profondeur.

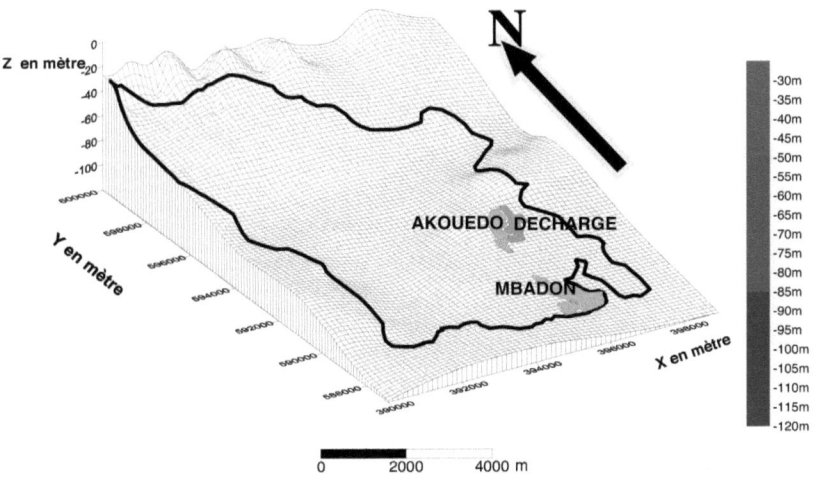

Fig. 7:Topographie du toit du socle

1.5. Hydrogéologie

Les données hydrogéologiques permettent de mettre en évidence en général trois types de nappe dans le bassin sédimentaire au niveau d'Abidjan. Ce sont les nappes du quaternaire, du crétacé supérieur et du Continental Terminal. Seule la nappe du Continental Terminal se développe au niveau de la zone d'Akouédo.

1.5.1 Aquifère du Continental Terminal

D'après Aghui et Biémi (1984), le Continental Terminal désigne en Afrique, les formations d'âge Mio-pliocène provenant avec le quaternaire, du dernier épisode de la sédimentation des bassins en Afrique occidentale.

Les coupes géologiques des forages (annexe 1) des différents champs captants permettent de faire ressortir le profil géologique de la zone d'Akouédo (Fig .8).

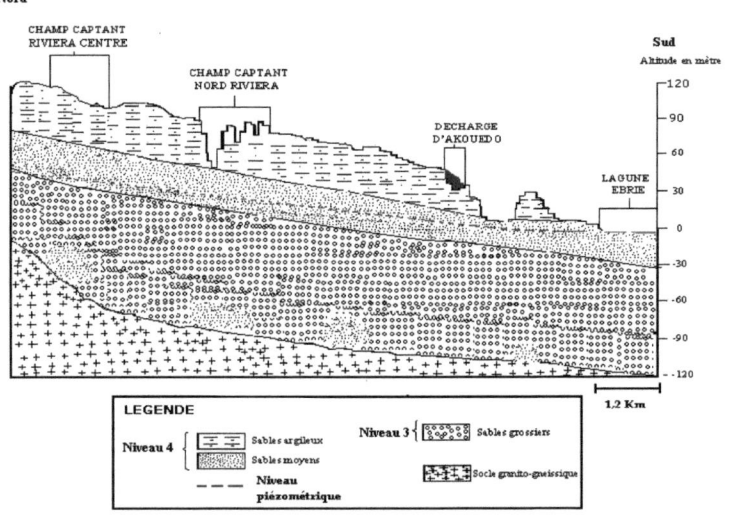

Fig. 8 : Profil géologique Nord-Sud de la zone d'Akouédo

Ce profil géologique est constitué du haut vers le bas d'argiles sableuses, de sables moyens, de sables grossiers, d'un socle granito-gneissique. Les deux premières couches correspondent au niveau 4 alors que la dernière couche située juste au dessus du socle est attribuable au niveau 3 selon la description du log-hydrogéologique de la région d'Abidjan faite par Aghui et Biémi (1984). Ce profil géologique ne contient que les couches géologiques dominantes de la zone, dans un souci d'obéir aux exigences de la mise en place d'un modèle mathématique. Mais, ces couches dans la réalité possèdent des hétérogénéités internes. Plusieurs auteurs (Loroux, 1978 ; Aghui et Biémi, 1984) rapportent que le Continental Terminal se caractérise par une stratification lenticulaire, des sables grossiers, des argiles barriolées, des grès ferrugineux et minerais de fer.

Le plan directeur de ressources en eau de Côte d'Ivoire (Anonyme 1, 2001) a aussi montré que l'aquifère du Continental Terminal au niveau de la zone d'Akouédo est essentiellement constituée d'argiles sableuses et sables (fig.9).

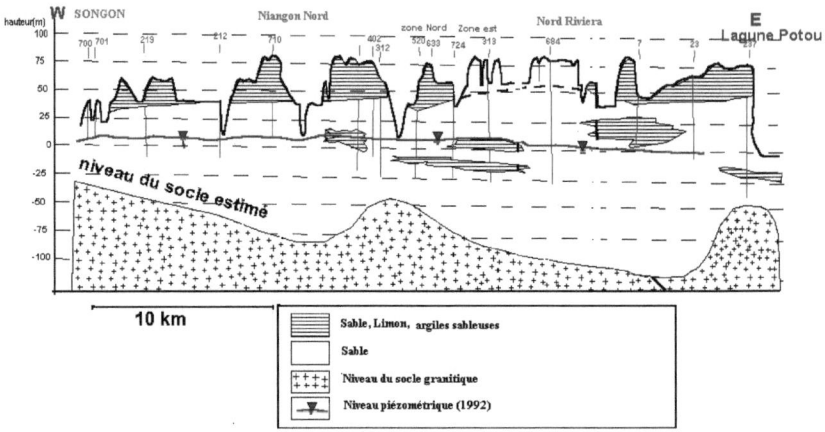

Fig. 9: Profil géologique Ouest-Est de l'aquifère du bassin sédimentaire d'Abidjan (Anonyme 1, 2001)

1.5.2   Nappe du Continental Terminal

L'absence de bancs argileux de grande ampleur fait que les niveaux 3 et 4 du profil géologique de la zone d'Akouédo, forment une seule nappe.

Cette nappe dont la puissance varie entre 50 et 100 m dans la zone d'étude, est captée par les forages des champs captants ZE, RC, NR de la SODECI. Ces forages fonctionnent avec des débits moyens de 250 m³/heure par forage.

1.5.3 Caractéristiques hydrodynamiques du Continental Terminal

La nappe d'Abidjan présente les caractéristiques hydrodynamiques suivantes au niveau de la zone d'étude :

1.5.3.1 Conductivité hydraulique

La conductivité hydraulique (K) est l'aptitude d'un terrain à se laisser traverser par l'eau, sous l'effet d'un gradient hydraulique. Elle exprime le volume d'eau gravitaire en m^3 traversant en une unité de temps (une seconde), sous l'effet d'une unité de gradient hydraulique, une unité de section en m^2 orthogonale à la direction de l'écoulement, dans les conditions de validité de la loi de Darcy (Castany, 1998). Elle a la dimension d'une vitesse et s'exprime en m/s.

Les conductivités hydrauliques calculées par Jourda (1987) par slug test sur la nappe d'Abidjan ont donné les résultats suivants (Tableau I) :

Tableau I: Variation de la conductivité hydraulique (Jourda, 1987)

	Fac des sciences (Université)	Anonkoua kouté	Guerard alokoué	Route Anyama	Abobo-té	Route de Bingerville	Riviéra Golf hôtel
K (m/s)	$4,4.10^{-6}$	7.10^{-6}	3.10^{-6}	1.10^{-6}	$1,7.10^{-6}$	$2,5.10^{-5}$	4.10^{-6}
K (m/j)	0,38	0,6	0,26	0,09	0,15	2,2	0,35

D'après Kouadio (1997), cette conductivité hydraulique varie en général de l'ordre de 5.10^{-6} m/s à 5.10^{-4} m/s. Elle est de l'ordre de 10^{-4} et 10^{-5} m/s pour le niveau 4 constitué d'argiles sableuses (Loroux, 1978).

Selon Guérin-Villeaubreil (1962), la conductivité hydraulique de l'aquifère de la nappe d'Abidjan varie suivant la verticale (Tableau II).

Tableau II: Variation verticale de la conductivité hydraulique (Guerin-Villeaubreil (1962))

Lithologie	Conductivité hydraulique (m/s)
Sables latéritiques	2.10^{-5}
Sables argileux	9.10^{-5}
Argiles bariolées	5.10^{-6}
Argiles sableuses	10^{-5}
Sables grossiers	5.10^{-4}

Le rapport entre la conductivité hydraulique verticale et horizontale (KV/KH) est compris entre 10^{-2} et 1.

1.5.3.2   Transmissivité

La transmissivité (T) régit le débit d'eau qui s'écoule, par unité de longueur (L), d'un aquifère, sous l'effet d'une unité de gradient hydraulique (i) (Castany, 1998). Elle est égale au produit du coefficient de perméabilité, K, par l'épaisseur de l'aquifère, b. Elle s'exprime en m^2/s.

Les transmissivités varient de 10^{-2} à 5.10^{-2} m^2/s au niveau de l'aquifère dans la zone d'Akouédo (Anonyme 2, 1980).

1.5.3.3   Emmagasinement

Le coefficient d'emmagasinement noté (S), sans dimension, désigne le rapport du volume d'eau qu'un aquifère peut libérer par unité de surface (1 m^2) à la variation de charge hydraulique Δh correspondante.

L'emmagasinement spécifique, noté S_s, est exprimé en unité de volume d'eau libéré ou emmagasiné par unité de volume d'aquifère (1m^3) sous l'action d'une variation unitaire de charge hydraulique, Δh.

Dans l'aquifère à nappe libre, le coefficient d'emmagasinement est égal, en pratique, à la porosité efficace (Castany, 1998).

Au niveau de la nappe d'Abidjan, qui est libre sur l'essentiel de sa surface, le coefficient d'emmagasinement est compris entre 0,10 et 0,21 (Anonyme 2, 1980).

Le coefficient d'emmagasinement est de 0,10 au niveau du champ captant Riviera Nord (NR) et de 0,14 dans le forage F2 de ZE (Sogreha, 1996).

1.5.3.4   Gradient hydraulique

Le gradient hydraulique n'a pas encore été déterminé de façon précise sur la zone d'étude. Cependant, l'écoulement souterrain des eaux de la nappe d'Abidjan se fait en direction des lagunes Ebrié, Aghien et Potou (Yacoub, 1999).

1.6.   Décharge d'Akouédo

La décharge d'Akouédo, d'une superficie de 153 ha, est située à mi-parcours du trajet Abidjan-Bingerville, à 18 km du centre-ville près du village Ebrié dont elle porte le nom. C'est l'unique décharge de la ville d'Abidjan. Elle occupe un thalweg dont le drainage naturel se fait vers la lagune Ebrié à moins de 2,1 km. Le choix de ce site a été guidé par des considérations économiques (Sané, 2002).

A ce jour, quelques travaux d'aménagement y ont été effectués : voie d'accès bitumée de près de 2 km de long et 7 m de large, caniveau bétonnée à ciel ouvert pour le drainage des eaux de pluies, quai bétonné et éclairé pour la réception des camions de collecte, système électronique de pesage.

1.6.1 Type de déchets

Les déchets de la ville Abidjan sont composés de 66,43% de matières biodégradables, 18,04% de matières recyclables et 15,51% de matières inertes sous forme de sable et de cailloux. En procédant à une classification plus fine nous obtenons neuf (9) éléments essentiels : fermentescibles, végétaux (bois détritus de jardinage, etc.), plastique, métaux, verre, textile, papier - carton, fins (sable et cendre) et des cailloux (Sané, 2002).

Les déchets urbains générés à Abidjan comprennent :

- ce qu'on appelle traditionnellement les «ordures ménagères», qu'elles proviennent des ménages ou des commerces, de l'artisanat, de petites entreprises ;

- des déchets plus volumineux et produits de façon moins quotidienne : mobiliers, appareils, véhicules et pneus, déchets de constructions, de démolition et de transformation de bâtiments ;

- des déchets qui exigent des mesures particulières à cause des dangers immédiats qu'ils représentent pour la sécurité des populations et pour l'environnement : les déchets du secteur de la santé, les «déchets spéciaux» soumis à une législation particulière.

1.6.2 Mode de gestion des déchets

La gestion de la décharge est confiée à des sociétés privées. Akouédo reçoit sans discernement tous les déchets ménagers, industriels et autres de la ville y compris les déchets chimiques, toxiques, inflammables, biomédicaux. Le contrôle des déchets, qui se limite à la pesée, se fait à l'entrée simultanément par les agents du District d'Abidjan, du Bureau National d'Etudes Techniques et de Développement (BNETD) et du Ministère chargé de la gestion de l'environnement.

Dans un souci de gestion de l'espace au niveau de la décharge, les camions déversent les déchets en les étalant sur des superficies moyennes successives de 4 ha environ. Ensuite, lorsque les dépôts deviennent plus anciens, ils sont recouverts par une couche de terre.

2. GENERALITES SUR LES LIXIVIATS DES DECHARGES

Le lixiviat des décharges est produit par une percolation excessive d'eau de pluie dans les couches de déchet, combinée à des processus physiques, chimiques et microbiologiques favorisant le transfert des polluants des déchets dans l'eau de percolation (Christensen et Kjeldsen, 1989 ; Vilomet, 2000).

Les émissions de lixiviats provenant des décharges et leur impact environnemental associé, sont liés à la nature des déchets, à la technologie utilisée pour le stockage de ces déchets (Mikac *et al.*1998 ; Chofqi *et al.*, 2004).

Dans ce chapitre, nous décrirons les principaux polluants des lixiviats et les principaux processus liés à l'infiltration dans les décharges.

2.1. Polluants liés à l'infiltration des lixiviats des décharges

En se focalisant sur le type commun de décharge recevant un mélange de déchets industriels, municipaux et commerciaux en excluant des quantités significatives de déchets spécifiques concentrées de produits chimiques, le lixiviat des décharges peut être caractérisé comme une solution de base constituée de trois groupes de polluants (Christensen *et al.*, 1994) : la matière organique dissoute, les composés inorganiques et les hydrocarbures et produits dérivés. En général, les concentrations de ces composées sont 1000 à 5000 fois supérieures à celles retrouvées dans les eaux souterraines (Christensen *et al.*, 2001).

2.1.1. Matière organique dissoute

La matière organique dissoute dans le lixiviat est un groupe de paramètres couvrant une variété de produits organiques dégradés s'étendant des petits acides volatiles aux composés réfractaires comme les acides fulviques et humiques (Chian et DeaWalle, 1977). Elle s'exprime par la Demande Chimique en Oxygène (DCO). D'après Christensen *et al.* (2001), il y a en général peu d'informations sur la matière organique dissoute des lixiviats des décharges. Cependant, quelques investigations sont disponibles. En effet, Harmsen (1983) a trouvé qu'en phase acidogène, 95% de la DCO étaient constitués d'acides gras volatiles et seulement 1,3% de composés de grands poids moléculaires. A ce stade, des amines volatiles et des alcools sont aussi détectés. Dans la phase méthanogénique, le même auteur a noté l'absence des acides volatiles, des amines et des alcools, mais 32% de la DCO étaient constitués de composés de grands poids moléculaire. Christensen *et al.*(1998) ont trouvé dans les eaux souterraines polluées par les lixiviats de la décharges de Vejen au Danemark, que 82% de la DCO étaient constitués de 49% d'acides fulviques, 8% d'acides humiques et 25% d'acides hydrolytiques.

2.1.2. Substances inorganiques

Elles regroupent des substances ne comprenant aucun atome de carbone ni d'hydrogène, et la pollution ainsi engendrée est dite inorganique ou minérale (Yaron *et al.,* 1996). On distingue dans cette catégorie : les éléments traces, les sels, les nutriments (produits azotés et produits phosphatés).

2.1.2.1.   Eléments traces

Ils sont ainsi appelés à cause de leur toxicité même à très faible teneur dans l'eau. Les métaux lourds désignent pour les chimistes des métaux de numéro atomique élevé, de masse volumique supérieure à 5 g/cm^3 et qui forment des sulfures insolubles (Lémière *et al.*, 2001). Ils sont pour certains des oligo-éléments, indispensables à faible dose (cuivre, zinc) et pour d'autres des polluants élémentaires plus dangereux (plomb, cadmium), sans oublier l'arsenic qui est un métalloïde très redouté. En général, les concentrations des métaux lourds dans les lixiviats des décharges sont faibles (Kjeldsen *et al.*, 1998 ; Christensen *et al.*, 2001). Le transport de ces polluants dans le sol peut se faire sous forme dissoute ou en suspension. Cependant, il est impossible de prédire leur devenir sans connaître leurs principales formes chimiques (spéciation) et les transformations possibles des éléments (Flores *et al.*, 1996).

L'origine, la mobilité et la toxicité de ces éléments traces seront présentées dans la suite du chapitre.

a - Plomb (Pb)

La contamination humaine par le plomb peut provenir d'une source naturelle (poussière) comme d'une source anthropique (pollution automobile, fumée d'incinération d'ordures ménagères, vieilles peintures à base de plomb, eaux de consommation en contact avec des canalisations en plomb) (Montiel et Welté, 1998). On peut d'emblée affirmer que le plomb provient essentiellement des activités anthropiques (Ramade, 1992).

Dans le sol, la présence du plomb résulte des retombées atmosphériques et localement des déchets industriels solides provenant de l'extraction de minerais de plomb, du recyclage des batteries électriques ou de l'affinage de plomb. La détérioration de la peinture à base de plomb recouvrant des surfaces constitue une source de pollution par le plomb.

Dans le milieu aquatique, le plomb a tendance à être éliminé de la colonne d'eau en migrant vers les sols par adsorption sur la matière organique et les minéraux d'argile, par précipitation sous forme de sels insolubles (carbonate, sulfate, sulfure) et par réaction avec les ions hydriques (HCO_3^-, CO_3^-, OH^-, Cl^-...) et les oxydes de manganèse. La quantité de plomb restant dans la colonne d'eau est fonction du pH (pH < 4) (HSDB, 2000).

La mobilité du plomb dans l'environnement est très faible, il a tendance à s'accumuler dans les horizons de surface, plus précisément dans les horizons très riches en matière organique. Ce qu'explique la grande affinité de la matière organique vis-à-vis du plomb. Cela est valable pour des sols ayant au moins 5% de matière organique et un pH supérieur à 5 (Pichard *et al.*, 2002). Mais dans certains cas, il est montré que le plomb peut migrer vers les couches profondes dans le cas des sols très acides. En définitive, les facteurs affectant la mobilité du plomb dans le sol sont le pH, la texture du sol (surtout la teneur en argile) et la teneur en matière organique.

Le plomb existe sous les états d'oxydation 0, +II et +IV, mais dans l'environnement, il est principalement sous l'état +II. Le degré +II est stable dans pratiquement toutes les conditions environnementales. Le plomb est rarement sous sa forme élémentaire (Kabata-Pendias et Pendias, 1992). Le sulfure de plomb est la forme présente dans l'environnement (Pichard *et al.*, 2002). Dans le sol, pendant la lixiviation, le sulfure de plomb est lentement oxydé et peut former des carbonates et s'incorporer dans les minéraux d'argile, des oxydes de fer ou de manganèse et de la matière organique. Pour des pH élevés (pH $\geq$ 4), le plomb peut précipiter sous forme d'hydroxyde, phosphate ou carbonate ou alors former des complexes pb-matière organique qui sont assez stables (Kabata-Pendias et Pendias, 1992 ; Pitt *et al.*, 1994 ; Robert, 1996) .

Sur le plan toxicologique, le plomb peut pénétrer dans l'organisme par trois voies : par inhalation de vapeur de plomb ou de poussières (oxyde de plomb), par voie cutanée (plus rarement) et par ingestion. Le plomb absorbé par l'organisme est distribué par le sang à différents organes : le foie, les reins, la rate, la moelle osseuse et surtout les os. Le plomb sanguin ne représente que 1 à 2 % de la quantité totale de plomb présent dans l'organisme ; les tissus mous (reins, foie, rate...) en contiennent 5 à 10 % et plus de 90 % sont fixés sur les os.

Le plomb est principalement éliminé (75 %) dans les urines. Seulement 15 à 20 % du plomb sont éliminés dans les fèces. Le plomb est également excrété dans la salive, dans la sueur, dans les ongles, dans les cheveux.

La présence du plomb dans l'eau ne peut qu'être néfaste, car il présente une toxicité aiguë pour l'ensemble des organismes pour des teneurs supérieures à 0,1mg/L. C'est un élément chimique toxique, cumulatif pour l'homme, la faune et la flore. Par conséquent, lorsqu'il se trouve dans l'organisme, il n'y a pratiquement aucune élimination possible (Martinelli, 1999).

Les principaux effets toxiques du plomb pour l'homme sont les suivants: saturnisme, crises d'épilepsie, troubles psychiques et nerveux, risque d'avortement spontané pour les femmes enceintes, accroissement du nombre de cancer de poumon ou du tractus gastro-intestinal (Chassard-Bouchaud, 1995). Dans l'organisme, le plomb se fixe sur les globules rouges et est stocké par le foie, les reins du fait de leur forte irrigation. Ils sont aussi stockés dans les os et les dents et peuvent provoquer une décalcification ou une ostéoporose (Potelon, 1993). Une ingestion répétée de plomb provoque de ce fait des stockages nocifs dans le squelette (Castany, 1998).

b - Cadmium (Cd).

La présence du cadmium dans l'environnement est essentiellement due aux rejets industriels, domestiques et même agricoles tels que les huiles usagées, les huiles industrielles textiles, les pneumatiques, les piles, la combustion d'hydrocarbures provenant de la circulation automobile, la production de pigments et la fabrication d'accumulateurs, le décapage de peintures, certains engrais phosphatés. Il est presque toujours associé à des minerais de zinc et de plomb (Martinelli, 1999).

Le cadmium dans l'environnement n'est quasiment jamais trouvé à l'état métallique, mais dans son état d'oxydation unique, c'est-à-dire +II. Les principaux composés du cadmium sont l'oxyde de cadmium, le chlorure de cadmium, le sulfure de cadmium (ATSDR, 1993).

Le cadmium est relativement mobile dans les milieux aquatiques et peut être transporté sous forme de cations hydratés ou de complexes organiques ou inorganiques (HSDB, 2001).

Dans les sols, le cadmium est assez mobile, néanmoins il a tendance à s'accumuler dans les horizons supérieurs riches en matière organique. La mobilité du cadmium est essentiellement fonction du pH. Son adsorption peut être multipliée par 3 lorsque le pH du sol augmente d'une unité dans la plage 4 - 8 (Adriano, 1986). Il existe sous forme soluble dans l'eau du sol ($CdCl_2$, $CdSO_4$) ou sous forme de complexes insolubles inorganiques ou organiques avec les constituants du sol (Pichard *et al.*, 2004a). De même que le plomb, le cadmium est transporté par lessivage ou lixiviation selon qu'il est sous forme particulaire ou dissoute.

C'est un élément non-essentiel et toxique pour l'homme à très faible dose. La principale voie d'élimination du cadmium est l'urine, mais cette élimination est très lente. L'accumulation du cadmium s'effectue principalement dans les reins, cet organe est considéré de ce fait, comme un organe " cible ".

Une ingestion journalière élevée de cadmium (> 5μg/L) peut provoquer des troubles graves (ostéopathie, dysfonctionnement rénal, douleur abdominale et diarrhée) accentués par un manque de vitamine D et une malnutrition de la population (Chassard-Bouchaud, 1995). Désachy (1996) souligne que le cadmium est responsable de la maladie « Itaï Itaï » (fracture osseuse) au Japon. Il peut provoquer également des troubles digestifs, de l'hypertension artérielle, des altérations osseuses. Il est mortel pour les poissons à très faible dose, et sa toxicité est stimulée par le cyanure (Martinelli, 1999).

c - Zinc (Zn)

Il a une origine principalement anthropique : lessivage des toitures, corrosion des canalisations et des matériaux galvanisés, usure des pneumatiques, de matières plastiques, de caoutchouc, incinération d'ordures (Martinelli, 1999 ; Pichard *et al.*, 2003a).

Dans l'eau, le zinc existe sous diverses formes : ion hydraté $(Zn(H_2O)^+)$, zinc complexé par les ligands organiques (acides fulviques et humiques), oxydes de zinc, etc. (Pichard *et al.*, 2003a).

Le chlorure de zinc et le sulfate de zinc sont très solubles dans l'eau, mais peuvent s'hydrolyser en solution pour former un précipité d'hydroxyde de zinc, sous des conditions réductrices. Un pH faible est nécessaire pour maintenir le zinc en solution.

Dans les sols, le zinc se trouve principalement à l'état d'oxydation +II (souvent sous la forme ZnS). Le zinc s'accumule à la surface des sols. Dans le cas de contamination superficielle, rares sont les cas ou le zinc a migré en profondeur. Le gradient de concentration en zinc diminue puis croît avec la profondeur parallèlement avec la teneur en argile et en fer

(Pichard *et al*., 2003a). En effet, les oxydes ou hydroxydes de fer et de manganèse et certaines argiles ont la capacité d'adsorber le zinc et ont tendance à retarder sa mobilité dans le sol.

Sous des conditions anaérobies et en présence d'ions sulfures, la précipitation de sulfure de zinc limite la mobilité du zinc (le sulfure de zinc étant insoluble).

Le zinc sous forme soluble, comme le sulfate de zinc, est assez mobile dans la plupart des sols. Cependant, relativement peu de sols présentent du zinc sous forme soluble et la mobilité du zinc est donc limitée par un faible taux de dissolution. Par conséquent, la migration du zinc vers les eaux souterraines est très lente (Pichard *et al*., 2003a).

L'adsorption du zinc dans le sol peut se faire selon deux mécanismes :

- en milieu acide, par des échanges de cations ;
- en milieu alcalin, par chimiosorption, sous l'influence de ligands organiques.

Un pH élevé (> 7) permet une meilleure adsorption du zinc. Une augmentation de la salinité du milieu entraîne une désorption du zinc dans les sols.

C'est un oligo-élément, à la fois nécessaire en faible quantité (4 à 5 mg/jour) et toxique à forte concentration ; ce qui rend complexe l'étude de son impact écotoxicologique. Les effets gênants du zinc sont essentiellement d'ordre organoleptique. En effet, il donne un goût déplaisant à l'eau à partir de 5 mg/L (Potelon, 1993). Chez l'homme, une intoxication aiguë se traduit par des troubles digestifs, mais cette toxicité n'est généralement préoccupante que pour les dialysés rénaux (Martinelli, 1999). Par contre, pour les végétaux, les animaux et les micro-organismes, il est plus toxique à faible dose.

d - Cuivre (Cu)

Le cuivre est d'origine anthropique. Il provient pour la plupart du temps de la corrosion des toitures, des gouttières et des tuyaux, de l'industrie céramique, textile, photographique, des tanneries ou de l'agriculture (insecticides contenant des sels de cuivre), de l'incinération d'ordures ménagères, de la combustion du charbon, d'huile et d'essence, de la fabrication des fertilisants (Chocat, 1997 ; Pichard et al., 2004b).

Dans la nature, le cuivre se trouve à l'état d'oxydation 0, I et II, sous forme de sulfures, de sulfates, carbonates, oxydes et sous forme native (Juste et al., 1995). Dans les sols, le cuivre se fixe préférentiellement sur la matière organique, les oxydes de fer, de manganèse, les argiles et les argiles minéralogiques (Adriano, 1986 ; Kabata-Pendias et Pendias, 1992 ; Baker et Senft, 1995). Le cuivre migre donc peu en profondeur, sauf dans les conditions particulières de drainage ou en milieu très acide (Adriano, 1986 ; ATSDR, 1990 ; Dameron et Howe, 1998).

Dans l'eau, le Cu^+ est instable sauf en présence de ligands stabilisateurs comme les sulfures, les cyanures ou les fluorures. L'ion Cu^+

forme de nombreux complexes stables avec les ligands minéraux comme les chlorures ou l'ammonium, ou avec des ligands organiques (ATSDR, 1990 ; Dameron et Howe, 1998).

Les travaux réalisés sur le cuivre n'établissent pas encore de manière clair, les effets liés à une exposition à ce métal présent dans l'eau de boisson à des concentrations supérieures à 1mg/L (Aschengrau et al., 1989).

e - Arsenic (As)

L'arsenic peut provenir des activités agricoles, domestiques ou industrielles (rejet de produits chimiques très variés).

L'arsénic existe sous différents degrés d'oxydo-réduction : -III, 0, +III et +IV. Mis à part les sulfures, les composés minéraux les plus courants sont les combinaisons avec l'oxygène : arsénites (As III) et arséniates (As V) (Montiel et Welté, 1998 ; Pichard et al., 2003b).

Dans l'eau, la solubilité des composés de l'arsenic est assez variable, certains sont très solubles et d'autres quasiment insolubles.

Dans le milieu aquatique, les facteurs physico-chimiques (pH, potentiel d'oxydo-réduction (Eh), taux de phosphate, fer, sulfure, température…) affectent la capacité d'adsorption de l'arsenic sur les sols. De plus, l'activité microbienne est responsable de la dissolution de certains hydroxydes. L'arsenic des sols est ainsi relargué dans l'eau.

Dans les eaux naturelles, l'arsenic inorganique est prédominant. Dans les eaux bien aérées (eaux de surface notamment), les arséniates sont largement majoritaires ($H_2AsO_4^-$ et $HAsO_4^{2-}$). En conditions réductrices, H_3AsO_3 (As +III) est en théorie la forme la plus stable.

Dans les eaux souterraines, l'arséniate serait la forme prédominante, mais l'arsénite peut être un composé important. En plus des réactions d'oxydoréduction, les microorganismes sont responsables des réactions d'oxydoréduction de l'arsenic inorganique (Pichard *et al.*, 2003b).

La mobilité de l'arsenic dans les sols est assez limitée (adsorption sur l'argile, les hydroxydes et la matière organique) (Adriano, 1986 ; Kabata-Pendias et Pendias, 1992). Néanmoins, As+III est reconnu comme étant plus mobile que As+V (Molénat *et al.,* 2000). Dans les sols, selon le niveau du potentiel d'oxydoréduction et du pH, l'arsenic sera préférentiellement au degré d'oxydation +III ou +V. L'activité microbiologique peut conduire à une méthylation ou déméthylation des composés de l'arsenic ou même à des réactions d'oxydoréduction dans certains cas. La présence de minéraux d'argile, d'oxyde de fer et d'aluminium, et la matière organique du sol peuvent également influencer la solubilité des composés et le niveau d'oxydoréduction (Alloway, 1995).

Ce métalloïde figure parmi les polluants les plus dangereux puisqu'il devient toxique pour des teneurs supérieures à 0,01 mg/L dans les eaux de boisson (OMS, 1993). Pour preuve, en l'état actuel des connaissances, seul l'arsenic a été reconnu comme responsable d'une augmentation des cancers chez l'homme (Morton *et al.*, 1976). Il manifeste des effets cancérigènes sur d'autres systèmes biologiques. Il induit la formation de micronoyaux dans les cellules de la vessie et dans les lymphocytes de sang humain, et des échanges de chromatides sœurs dans les lymphocytes périphériques humains. L'anhydride arsénieux est toxique pour la vie aquatique dans une proportion de 2 à 10 mg/L (Martinelli, 1999).

f - Mercure (Hg)

L'importante volatilité du mercure fait que sa principale source dans l'environnement reste le dégazage de l'écorce terrestre, qui en rejette annuellement plusieurs milliers de tonnes. L'activité volcanique constitue aussi une source naturelle de mercure importante. Les rejets anthropogéniques sont principalement dûs à l'exploitation des minerais (mines de plomb et de zinc), à la combustion des produits fossiles (charbon - fioul), aux rejets industriels (industrie du chlore et de la soude...) et à l'incinération de déchets (piles, thermomètres, amorces de cartouches foraines) (Pichard *et al.*, 2003c).

Le mercure élémentaire est quasiment insoluble dans l'eau. La solubilité des composés organiques est variable, tous sont plus ou moins solubles. La solubilité des composés du mercure inorganique est très variable : des composés comme le chlorure mercurique sont solubles, le sulfure mercurique est complètement insoluble.

Le mercure est faiblement mobile dans le sol. Le mercure mis en contact avec le sol est rapidement immobilisé par les oxydes de fer, d'aluminium et le manganèse et surtout par la matière organique. Il a tendance à rester dans les horizons de surface.

Le mercure élémentaire et les composés organiques du mercure sont volatils. Par contre, les composés inorganiques le sont très peu.

Les diverses formes du mercure sont susceptibles d'évoluer dans l'environnement. L'une des principales particularités du mercure est de subir, dans les sols, des réactions de méthylation. Elle permet la formation des monométhyl et diméthylmercure (CH_3Hg et $(CH_3)_2Hg$) à partir des sels de mercure inorganique par des bactéries aérobies ou anaérobies (ou parfois par voie chimique). La déméthylation (par voie biologique ou chimique) est aussi possible dans les sols.

Sur le plan toxicologique le mercure est repéré comme un élément toxique, et plus particulièrement néphrotoxique et neurologique, c'est-à-dire agissant respectivement sur les reins et le système nerveux. Les deux voies principales de pénétration du mercure dans l'organisme sont l'inhalation et l'ingestion. L'OMS (1993) recommande des teneurs dans l'eau < 0,001 mg/L. Les symptômes sont des troubles mentaux plus ou moins graves, une salivation excessive (ptyalisme), des douleurs abdominales, des vomissements, de l'urémie (accumulation d'urée liée à une insuffisance de la fonction rénale). L'intoxication par le mercure s'appelle l'hydrargie ou hydrargyrisme, caractérisée par des lésions des centres nerveux, se traduisant par des tremblements, des difficultés d'élocution, des troubles psychiques (Pichard *et al*., 2003c).

g - Cobalt (Co)

Le cobalt est présent naturellement dans les sols. La poussière entraînée par le vent, les éruptions volcaniques et les feux de forêts constituent les sources naturelles d'exposition. Les principales sources anthropiques sont (Pichard *et al*., 2003d) :

- les fumées des centrales thermiques et des incinérateurs ;

- les échappements des véhicules à moteur thermique ;

- les activités industrielles liées à l'extraction du minerai et aux processus d'élaboration du cobalt et de ses composés.

Le cobalt est insoluble dans l'eau froide ou chaude (HSDB, 2002). Dans les rivières, lacs, estuaires ou eaux marines, le cobalt est adsorbé en grande quantité par les sols. On le retrouve également précipité sous forme de carbonate ou d'hydroxyde, ou bien avec les oxydes des minéraux présents (ATSDR, 2001). L'adsorption ou la complexation avec des substances humiques est également possible, mais dépend des facteurs environnementaux comme le pH. Le pH du milieu influence la distribution du cobalt : plus le pH est élevé et plus le cobalt est complexé, en particulier avec des carbonates, aux dépens du cobalt libre. L'adsorption du cobalt par les sols augmente elle aussi avec le pH. Un milieu acide favorise le cobalt sous forme libre (ATSDR, 2001). La présence de polluants organiques dans le milieu aquatique modifie également la distribution des spéciations du cobalt : les quantités de cobalt adsorbées sur les sols diminuent au profit du cobalt dissous et du cobalt précipité quand la concentration en matière organique augmente (ATSDR, 2001).

Dans les sols, le cobalt est fortement et rapidement adsorbé sur les oxydes de fer et de manganèse, ainsi que sur les argiles et la matière organique (Adriano, 1986 ; Juste *et al.*, 1995 ; ATSDR, 2001). La distribution du cobalt dans les sols est très dépendante de la formation d'oxydes de fer et de manganèse. En moyenne, près de 80% du cobalt dans les sols seraient associés à des oxydes de manganèse (Smith et Paterson,

1995). L'adsorption sur les oxydes de manganèse est un phénomène qui se renforce avec le temps lorsque le milieu demeure oxydant (Smith et Paterson, 1995).

Les argiles les plus impliquées dans l'adsorption du cobalt sont les montmorillonites et les illites (Kabata-Pendias et Pendias, 1992). Ces mêmes argiles peuvent relarguer le cobalt assez facilement lorsque le pH du milieu est acide. Les complexes formés avec les substances humiques ne sont pas considérés comme stables (ATSDR, 2001).

Dans des sols acides et oxydants, le cobalt est sous forme trivalente, souvent associé au fer et est relativement mobile (Kabata-Pendias et Pendias, 1992). La diminution du potentiel redox peut entraîner un relargage conséquent du cobalt fixé sur les oxydes de fer et de manganèse (ATSDR, 2001).

Le pH du sol joue un rôle essentiel dans l'adsorption du cobalt (HSDB, 2002). Les sols les plus acides sont ceux qui adsorbent le moins de cobalt, tandis que l'adsorption est maximale pour un pH compris entre 6 et 7.

Dans la plupart des sols, le cobalt est plus mobile que le plomb, le chrome, le zinc et le nickel, mais moins mobile que le cadmium.

Sur le plan toxicologique, les décès par cardiomyopathie surviennent pour une ingestion de 0,04 à 0,14 mg de cobalt/kg/jour pendant plusieurs jours (Alexander, 1969, 1972 ; Morin *et al.*, 1971). Aussi, une exposition par inhalation au cobalt entraîne t-elle une diminution de la ventilation pulmonaire par obstruction bronchique chronique (irritation respiratoire, respiration bruyante, asthme, pneumonie) (Pichard *et al.*, 2003d).

h - Chrome (Cr)

Dans les sols, le chrome issu de la roche-mère est principalement sous forme trivalente. Le chrome hexavalent est la plupart du temps introduit dans l'environnement par les activités industrielles.

Le tannage du cuir, l'industrie textile, la fabrication des teintures et pigments peuvent également libérer du chrome III et du chrome VI dans les cours d'eau.

La majeure partie du chrome présent dans les sols ne se dissout pas facilement dans l'eau. La faible fraction soluble se propage en profondeur vers les eaux souterraines (Pichard *et al.*, 2004).

Dans l'eau, la solubilité du chrome VI est importante alors que le chrome III est généralement peu soluble.

Dans les sols, le chrome existe sous plusieurs degrés d'oxydation, principalement le chrome III et dans une faible proportion, le chrome VI. Plusieurs études (Garbisu *et al.*, 1998 ; Philip *et al.*, 1998; Pichard *et al.*, 2004c; Dönmez et Koçberber, 2005), rapportent que le chrome VI est largement transformé en chrome III dans les sols (favorisé en conditions anaérobiques et à un pH compris entre 5 et 6). Dans les sols, le chrome III s'adsorbe plus que le chrome VI.

Au plan toxicologique, le chrome hexavalent a été identifié en tant qu'un des polluants environnementaux les plus dangereux dus à sa capacité de causer le cancer chez l'homme. En général, les chromates hydrosolubles (chromate de sodium et de potassium, dichromates) ont un potentiel cancérigène plus important que les chromates moins hydrosolubles à l'exception des chromates de zinc et de calcium (Yun-Guo *et al*., 2006).

i) Fer (Fe)

Le fer avec une masse volumique de 7,86 g/cm^3, est le 4e élément le plus abondant dans la croûte terrestre. Proche de l'aluminium par ses propriétés, le fer est également le plus abondant des métaux. Il est présent dans les roches sous forme de silicates, d'oxydes et hydroxydes, de carbonates et de sulfures. Le fer est soluble à l'état d'ion Fe^{2+} (ion ferreux) mais insoluble à l'état Fe^{3+} (ion ferrique). La valeur du potentiel d'oxydo-réduction (Eh) du milieu conditionne donc sa solubilité et la teneur de l'eau en fer. Le fer dissous précipite en milieu oxydant, en particulier au niveau des sources et à la sortie des conduites. La présence de fer dans l'eau peut favoriser la prolifération de certaines souches de bactéries qui précipitent le fer. Dans les sols, le fer présente une grande affinité pour les complexes organiques mobiles et les chélates. Les formes réduites sont plus mobiles dans le sol que les formes oxydées (Förstner, 1985).

2.1.2.2. Nutriments

Les deux tiers des apports d'azote aux eaux superficielles incombent à l'agriculture et le tiers restant est supposé d'origine urbaine tandis que deux tiers des apports de phosphate proviennent du milieu urbain et un tiers du milieu rural (Martinelli, 1999).

a - **Produits azotés**

L'azote est un élément indispensable à la croissance des végétaux. Les produits azotés sont constitués par les nitrates et les nitrites, précurseurs de nitrosamines, ainsi que l'ammonium. Ils sont essentiellement d'origine agricole mais proviennent aussi des décharges municipales abandonnées (Wakida et Lerner, 2005). Ces décharges sont ainsi considérées comme les sources principales de pollution et leurs impacts sur la qualité des eaux souterraines ont fait l'objet de plusieurs études pendant ces dernières décennies (Zanoni, 1972 ; MacFarlane *et al.*, 1983 ; Reinhard *et al.*, 1984 ; Albaiges *et al.*, 1986 ; Flaymmar, 1995 ; Wakida et Lerner, 2005). De Henaut et Harris (1996) ont estimé à 5000 décharges en Angleterre ces décharges abandonnées qui entraînent une contamination des eaux souterraines par les composés azotés. A Lagos au Nigéria, Adelana *et al.* (2003), a retrouvé des concentrations de 84 à 124 mg/L en composés azotés dans les eaux souterraines sous-jacentes à la décharge de la ville.

Les nitrates sont issus de la minéralisation de la matière organique, des engrais azotés ou directement des résidus animaux et des boues issues des stations d'épuration. L'ion nitrate (NO_3^-) est particulièrement soluble et mobile (Martinelli, 1999). Le seul frein à sa migration est son assimilation par la flore ou par les micro-organismes ou sa transformation par dénitrification en milieu réducteur (Le Roch, 1991).

L'ion nitrite (NO_2^-) provient soit d'une oxydation incomplète des ions ammonium, soit d'une réduction des nitrates sous l'influence d'une action dénitrifiante. Les nitrites sont très hydrosolubles mais très peu persistants, la nitratation étant plus rapide que la nitritation. Cette forme chimique de l'azote est donc très peu présente dans le sol (Martinelli, 1999).

Sous la forme ionisée, l'ammonium (NH_4^+) est relativement peu toxique mais peut engendrer divers inconvénients tels que la corrosion des conduites, la limitation de l'effet désinfectant du chlore ajouté à l'eau potable pour inhiber la prolifération des bactéries et des germes pathogènes. Il a la capacité de favoriser le développement des bactéries nitrifiantes, l'augmentation des matières en suspension, l'accroissement du taux de matière organique et la modification de la couleur de l'eau (Biémi, 1992). Durant l'infiltration des lixiviats vers les eaux souterraines, les ions ammonium se transforment en nitrates. Cette transformation est favorisée par la richesse des eaux d'infiltration en oxygène dissous entraînant ainsi, des mécanismes de nitritation et de nitratation (Debieche *et al.*, 2003).

Du point de vue sanitaire, la présence de nitrates dans l'organisme humain est susceptible de provoquer des troubles (hypertension, anémie, infertilité, troubles nerveux, …) à des doses supérieures à 50 mg/L, auxquels s'ajoutent des présomptions sur leur pouvoir cancérigène et leur implication dans les cas de cyanoses, notamment chez les nourrissons. Le nitrate lui-même n'est pas toxique. Sa toxicité vient de sa transformation en nitrite et en nitrosamine qui eux le sont. Dans le corps, le nitrate est réduit en nitrite par des enzymes et par des microorganismes. Celui-ci peut oxyder l'hémoglobine en méthémoglobine, qui ne peut plus alors absorber d'oxygène nécessaire à l'organisme. Cette maladie connue chez les nourrissons sous le nom de «syndrome du bébé bleu» peut causer des dommages au cerveau, voire la mort. Les cas de ces maladies du nourrisson sont dûs le plus souvent aux biberons préparés avec l'eau fortement chargée en nitrate (Martinelli, 1999).

b - **Produits phosphatés**

Le phosphore est un élément essentiel à la croissance des êtres vivants ; c'est un oligo-élément nécessaire à l'homme. Les phosphates sont les formes minérales du phosphore. Leur présence dans l'eau est due aux rejets industriels (agro-alimentaire, laverie), agricoles (engrais, pesticides), domestiques (détergents, lessives) ou à leur utilisation pour lutter contre la corrosion et l'entartrage. Ils proviennent aussi en grande partie des rejets animaux et humains (Gaujous, 1993), des épandages, des boues de stations d'épuration, de l'industrie. Dans les lixiviats des décharges, la migration des phosphates vers les eaux souterraines est due à une importante dissolution des ions PO_4^{3-} dans les eaux d'infiltration à cause de la diminution du pH par rapport à celui des lixiviats (Debieche et al., 2003).

Une carence en phosphore peut provoquer la fatigue, l'anorexie ou des douleurs osseuses. Par contre, à des doses élevées, les sels de phosphates peuvent inhiber l'effet des sels de calcium et engendrer nausées, vomissements et troubles gastro-intestinaux (Martinelli, 1999).

c - **Sels minéraux**

Les concentrations des sels dépendent du processus de stabilisation dans le lixiviat. Ainsi, Christensen et al. (2001) ont montré que les cations Ca^{2+}, Mg^{2+} et Mn^{2+} ont des teneurs faibles dans la phase méthanogénique à cause des pH élevés et de la faible teneur en matière organique. Les concentrations en sulfate sont également faibles dans la phase méthanogénique à cause de la réduction des ions SO_4^{2-} en S^{2-} par les micro-organismes. Ces auteurs ont également montré que les concentrations des ions majeurs Cl⁻, Na⁺, K⁺ ne varient pas de la phase acidogène à la phase méthanogénique.

2.1.3. Hydrocarbures et produits dérivés

Les Hydrocarbures sont des substances composées de carbone et d'hydrogène. Par produits dérivés, nous voulons mettre l'accent sur l'existence de certaines substances dont la structure chimique, la nomenclature et le comportement peuvent être assimilés à ceux d'un hydrocarbure. Les hydrocarbures ont pour origine le stockage au sein de la décharge des sables pollués des raffineries et des surfaces urbaines décapées chargées de particules provenant de diverses sources. Les hydrocabures les plus retrouvés dans les lixiviats sont les hydrocarbures aromatiques (benzène, toluène, éthylbenzène et xylène) et les hydrocarbures halogénés tels que le tétrachloroéthylène et le trichloroéthylène. Ces polluants sont les plus abondants dans les lixiviats des décharges. Les produits dérivés rencontrés dans les lixiviats sont les herbicides et les acides phénoxyalkanoïques (Christensen *et al.*, 2001).

Les hydrocarbures sont peu solubles dans l'eau (Yaron *et al.*, 1996). Aussi, ne peuvent-ils être dégradés que par les bactéries et les champignons (Martinelli, 1999). Par leur pouvoir de dilution, les hydrocarbures sont pernicieux même à des doses très faibles. Ils donnent un mauvais goût à l'eau. Ils sont toxiques, et parfois même cancérigènes. Ils peuvent concentrer des micropolluants peu solubles tels que les pesticides.

2.1.4. Microorganismes pathogènes

Ils représentent les polluants dits « biologiques ». Ce sont les virus et les bactéries.

Les virus sont des agents pathogènes ayant pour victime l'homme, les animaux, les plantes, et même les bactéries. Ce ne sont pas des êtres vivants à proprement parler puisqu'ils n'ont aucune autonomie de réplication. Par conséquent, leur présence dans les lixiviats et les eaux ne peut s'expliquer que par la présence d'organismes hôtes.

Les facteurs influençant la mobilité des virus sont la nature du sol (une texture plus fine retiendra mieux les virus, de même que la présence d'oxydes de fer), le pH (l'adsorption des virus croît lorsque le pH diminue), la température, la présence de cations (accroît l'adsorption), la présence de matière organique (diminue le nombre de sites d'adsorption), le type de virus (comportement différent d'un virus à l'autre), la vitesse de filtration (elle doit être suffisamment faible pour permettre la rétention) et la teneur en eau (mobilité plus forte en milieu saturé). Toutefois, le paramètre le plus important de la rétention des virus dans le sol est le pH. Ainsi, l'adsorption des virus sera presque complète à un pH inférieur à 5 (Detay, 1997).

La grande taille relative des bactéries leur confère une moins grande capacité de lixiviation que les virus (Larousse, 1995; Ludvigsen *et al.*, 1999). Les bactéries hydrolytiques et fermentaires, acétogènes et méthanogènes décomposent les matière organique des lixiviats en milieu anaérobie en produisant du méthane et du gaz carbonique (Vilomet, 2000).

2.2. Principaux processus physiques associés à l'infiltration des polluants

Les lixiviats et les polluants associés qu'ils contiennent subissent et engendrent de nombreux processus lors de leur infiltration dans le sol et dans les couches géologiques. Ces processus physiques, chimiques et biologiques sont résumés dans le tableau III.

Tableau III: Principaux processus physiques et chimiques auxquels sont soumis les contaminants dans les milieux souterrains (d'après Besnard, 2003).

PROCESSUS PHYSIQUES	PROCESSUS BIOLOGIQUES ET CHIMIQUES
Advection	Décroissance radioactive
Dispersion	Dissolution / précipitation
Filtration	Co-précipitation
Volatilisation	Oxydo-réduction
Transport en phase gazeuse	Complexation
Décomposition physique	Sorption
Conduction thermique, électrique	Biodégradation
	Biotransformation
	Décomposition chimique

Les quatre principaux processus contrôlant le mouvement des contaminants en subsurface sont l'advection, la dispersion, le transfert de masse entre différentes phases et les réactions au sens large. Au cours de leur trajet, les contaminants vont subir trois sortes de phénomènes à savoir le retard, l'atténuation et l'augmentation de la mobilité (Besnard, 2003). Le retard dû à une immobilisation est un phénomène souvent réversible qui se produit lors des réactions de sorption, d'échange d'ions, de filtration et de précipitation. L'atténuation est une disparition irréversible ou une transformation du contaminant. Elle a lieu lors des réactions d'oxydo-réduction chimiques, oxydo-réduction biologiques c'est-à-dire la biodégradation, la volatilisation et l'hydrolyse. L'augmentation de la mobilité est une accélération de la vitesse du contaminant qui se produit au cours des réactions de dissolution, d'ionisation et de complexation. Le tableau IV permet d'apprécier l'impact des différents processus sur le devenir des contaminants.

Tableau IV: Impact sur le devenir des contaminants des principaux processus physico-chimiques auxquels ils sont soumis (d'après Besnard, 2003)

processus	Impact sur le transport
Advection	C'est le moyen le plus efficace de transporter un soluté loin de sa source
Diffusion	Etalement du panache loin de sa source loin de la source sous l'effet du gradient de concentration
Dispersion	Diminue la concentration du pic, augmente la taille du panache et diminue le premier temps d'arrivée et participe à l'étalement du panache
Transformation biologique	Diminue la concentration en solution
Décroissance radioactive	Diminue la concentration en solution, mais pour être efficace la demi-vie doit être inférieure au temps de résidence dans le système
Sorption	Réduit la vitesse apparente du soluté (retardation)
Dissolution/précipitation	Retard du soluté, changement de la porosité du milieu donc du champ de vitesse
Réaction acide- base	Contrôle le pH de la solution
Complexation	Augmentation de la mobilité des métaux car formation d'espèces chargées négativement ou augmentation de leur mobilité
Hydrolyse/échange d'ions	Rend les composés organiques plus solubles ou plus biodégradables
Oxydo-réduction	Effet important sur la solubilité des métaux et sur la dégradation des composés organiques

3. MODELES HYDROGEOLOGIQUES D'ECOULEMENT ET DE TRANSFERT DE POLLUANTS

3.1. Définition d'un modèle hydrogéologique

Un modèle hydrogéologique est une représentation plus ou moins conceptuelle d'un système ou plus simplement un instrument représentant une version simplifiée de la réalité (Ledoux, 1986).

3.2. Différents types de modèles hydrogéologiques

3.2.1 Modèle conceptuel

Dans l'étude de l'écoulement des eaux souterraines, on développe la plupart du temps un modèle conceptuel. Le modèle conceptuel est moins complexe que le système réel. Il a pour but de simplifier le système à modéliser et d'organiser les données associées pour les prendre en compte dans un modèle numérique (Bear, 1972 ; Koffi, 2004). Il est statique et décrit la situation présente du système. Pour faire des prévisions avec le système, il est nécessaire d'avoir une sorte de modèle dynamique capable d'être manipulé (Fetter, 2001).

3.2.2 Modèles dynamiques

Il existe en général trois types de modèles dynamiques : les modèles physiques, les modèles analogiques et les modèles mathématiques (Fetter, 2001 ; Ledoux, 1986).

3.2.2.1 Modèles physiques

Les modèles physiques ou modèles des réservoirs consistent à remplir un réservoir avec un milieu poreux à travers lequel on fait couler de l'eau. Le principal inconvénient d'un tel modèle est le problème d'adaptation des situations de laboratoire aux situations réelles.

3.2.2.2 Modèles analogiques

Les modèles analogiques les plus couramment utilisés dans la modélisation des eaux souterraines sont les modèles analogiques des fluides visqueux et les modèles analogiques électriques.

Les modèles des fluides visqueux sont connus sous le nom de « modèles des plaques parallèles » car un fluide plus visqueux que l'eau (par exemple l'huile) est fabriqué pour s'écouler entre deux plaques parallèles, qui peuvent être orientées verticalement comme horizontalement (Wang et Anderson ,1982).

Les modèles électriques étaient très utilisés avant l'apparition des ordinateurs. Ces modèles travaillent selon le principe que l'écoulement des eaux souterraines est analogue à la circulation du courant électrique. Cette analogie est exprimée en mathématique par la similitude qui existe entre la loi de Darcy pour l'écoulement des eaux souterraines et la loi d'Ohm pour la circulation du courant électrique. L'inconvénient de ces modèles est que chaque modèle électrique est spécifique à chaque système d'aquifères. Lorsque différents aquifères doivent être étudiés, différents modèles électriques doivent être construits.

3.2.2.3   Modèles mathématiques

Les modèles mathématiques regroupent les modèles analytiques, les modèles numériques et les modèles stochastiques (Prickett et Lonquist, 1971 ; Trescott *et al*., 1976 ;   Pinder et Gray, 1977 ; Konikow et Bredehoeft, 1978 ; Wang et Anderson, 1982 ; Mcdonald et Harbaugh, 1988 ; Anderson et Woessner, 1992 ; Marsily, 1994 ; Fetter, 2001).

3.2.2.3.1   Modèles analytiques

Les modèles analytiques consistent à mettre en place une représentation conceptuelle qui tient compte des caractéristiques physiques du milieu et du fluide (Fetter, 2001). Ces modèles sont développés pour simuler, soit les écoulements des eaux vers les puits et les rivières (Walton, 1984), soit la chaleur ou le transport de masse (Javandel *et al*., 1984). Ils sont simples, faciles à programmer sur un micro-ordinateur et rapides dans la recherche de solution.

Les hypothèses formulées pour résoudre analytiquement les modèles sont restrictives. Par exemple, la plupart des solutions analytiques requièrent un milieu homogène et isotrope. Les méthodes analytiques ne sont plus beaucoup utilisées non seulement parce qu'elles sont parfois trop complexes mais aussi à cause de la disponibilité des outils informatiques qui rendent facile l'utilisation des méthodes numériques. Pour traiter plusieurs situations réalistes, il est souvent nécessaire de résoudre le modèle mathématique approximativement en utilisant des techniques numériques.

3.2.2.3.2   Modèles numériques

Les modèles numériques sont utilisés lorsque les conditions aux limites sont complexes ou lorsque les valeurs des paramètres varient à l'intérieur du modèle (Zheng et Bennett, 1995). Ils consistent à résoudre les équations aux dérivées partielles de base qui gouvernent l'écoulement des eaux souterraines. La fiabilité des prédictions utilisant les modèles numériques dépend de la manière dont ces modèles font l'approximation de la situation réelle.

3.2.2.3.3   Modèles stochastiques

Les modèles stochastiques sont basés sur des théories statistiques (Dagan, 1986 ; Gelhar, 1986). Ce sont des modèles probabilistes basés sur la distribution statistique des variables associées à leurs paramètres. Malgré le nombre impressionnant de modèles stochastiques, les praticiens, au niveau des eaux souterraines, préfèrent les modèles numériques à cause des difficultés rencontrées souvent en mathématiques.

Dans ce travail nous nous intéresserons aux modèles numériques à cause de la disponibilité des logiciels informatiques. L'application d'un modèle numérique suit une certaine procédure.

3.2.2.4   Différentes étapes d'application d'un modèle numérique

Une procédure de modélisation inclut la sélection des codes et leur vérification, la mise en place du modèle, le calage, l'analyse de sensibilité et finalement la prédiction. Les étapes dans la procédure d'application d'un modèle sont présentées de la manière suivante (Anderson et Woessner, 1992) :

1. **Etablissement de l'objectif du modèle**. Cet objectif déterminera précisément ce qui sera résolu par les équations d'état et le code qui sera sélectionné.

2. **Développement d'un modèle conceptuel du système**. Les unités hydrostratigraphiques et les conditions aux limites du système sont identifiées. La notion d'unités hydrostratigraphiques a été introduite par Maxey (1964) et repris par Seaber (1988). Il représente un ensemble d'informations géologiques composées de cartes, de profils et de sondages, et d'informations sur les propriétés hydrogéologiques des couches. Dès lors, plusieurs formations géologiques peuvent être combinées en une seule unité hydrostratigraphique, comme une formation géologique peut être subdivisée en plusieurs unités hydrostratigraphiques.

A l'échelle régionale, la définition des couches est liée à la stratigraphie et à l'histoire des dépôts. A l'échelle locale, le regroupement des informations géologiques ayant des propriétés hydrogéologiques similaires permet de définir les unités hydrostratigraphiques (Koffi, 2004). Les données de terrain permettant de faire le bilan hydrologique ainsi que les paramètres devant être assignés à l'aquifère sont rassemblées. Durant cette étape, une visite sur le site est hautement recommandée. Cette visite aidera le concepteur du modèle à s'imprégner de certaines réalités qui vont avoir une influence positive sur des décisions subjectives.

3. **Sélection des équations d'état et du code informatique.** Le code est le programme informatique qui contient un algorithme permettant de résoudre numériquement le modèle mathématique. La fiabilité des équations d'état et du programme informatique devra auparavant être vérifiée.

4. **Conception du modèle numérique.** Le modèle conceptuel est donc introduit dans une forme appropriée pour la modélisation. A cette étape, on procède à l'élaboration des grilles, la sélection des échelles de temps, la mise en place des conditions aux limites et des conditions initiales, et de la sélection préliminaire des valeurs des paramètres aquifères et des périodes hydrologiques.

5. **Calage du modèle.** Le but du calage est de montrer que le modèle peut reproduire les charges et les écoulements mesurés sur le terrain.

6. **Test de sensibilité.** Le modèle calé est influencé par des incertitudes dues à l'incapacité de définir avec exactitude la distribution spatiale ou temporelle des valeurs des paramètres sur le site d'étude. Le test de sensibilité permet de mesurer l'effet des incertitudes sur le modèle calé.

7. **Vérification du modèle.** Le but de la vérification du modèle est d'établir une grande confiance dans le modèle en utilisant les valeurs des paramètres calés pour reproduire une seconde fois les données de terrains.

8.   **Prévision** quantifie la réponse du système pour les événements futurs. Le modèle dans ce cas est exécuté avec les valeurs calées des paramètres et des contraintes, exception faite des contraintes dont les valeurs changent avec le temps.

9.   **Test de sensibilité de la prévision** est effectué pour quantifier les effets des incertitudes dans les valeurs des paramètres de prévision. Ce test permet de voir l'impact de la variation des contraintes futures sur le modèle de prévision.

10.   **Présentation du modèle et des résultats.** Une présentation claire du modèle et des résultats est essentielle pour une bonne communication.

11.   **Postaudit ou vérification postérieur du modèle** conduit à réactualiser le modèle plusieurs années après. De nouvelles données sont collectées pour vérifier si la prévision faite auparavant était correcte. Si la prévision du modèle est fiable, alors le modèle est validé pour ce site particulier parce que chaque site est unique et le modèle devra être validé pour chaque site spécifique.

Chacune de ces étapes constitue un support important dans la démonstration qu'un modèle appliqué à un site spécifique est capable de produire des résultats significatifs permettant de valider le modèle. La procédure complète (fig. 10) constitue la formule idéale qu'on pourrait avoir dans une étude de modélisation.

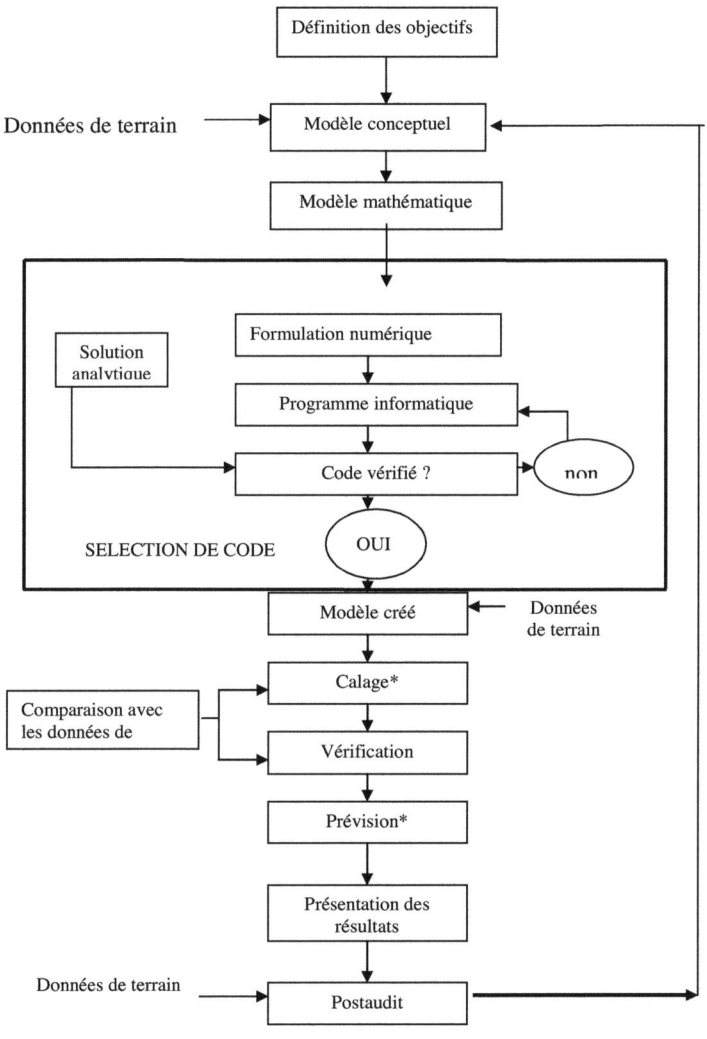

* inclut l'analyse de sensibilité

Fig. 10: Procédure d'application d'un modèle mathématique (Anderson et Woessner, 1992)

3.3.   Relations phénoménologiques régissant l'écoulement

Les relations phénoménologiques définissant l'écoulement mettent en œuvre les variables macroscopiques décrivant le milieu poreux et le comportement de l'eau qui en sature les vides. Ces relations sont issues de la mécanique des fluides moyennant une adaptation empirique nécessitée par la description macroscopique du milieu poreux (Ledoux, 1986 ; Marsily, 1994).

3.3.1 Principe de continuité

Les milieux poreux naturels sont caractérisés par une extrême complexité de la distribution des pores, irrégulière, aussi bien en forme qu'en taille. Ces milieux poreux sont dits isotropes lorsque leurs caractéristiques physiques (perméabilité par exemple) ont la même valeur dans les trois directions de l'espace, dans le cas contraire, ils sont anisotropes. Aussi, peuvent-ils être homogènes lorsqu'ils présentent, en tous points des caractéristiques physiques (granulométrie en particulier) constantes. Dans le cas contraire, ces milieux sont dits hétérogènes (Castany, 1998). Ainsi, si en théorie, il est possible de décrire ce système naturel à l'échelle du pore, du fait de cette forte hétérogénéité, une telle description se révèle vite utopique lorsque la taille du système augmente et que de plus en plus de volumes poreux sont mis en jeu. Par conséquent, il est nécessaire d'approximer le système par un autre système macroscopique plus facile à utiliser (Besnard, 2003).

Les propriétés physiques caractéristiques du milieu poreux peuvent être définies à l'aide de la notion volume élémentaire représentatif (VER) ou théorie de la continuité. Dans cette théorie le système physique réel est remplacé par un système continu dans lequel les propriétés physiques le décrivant varient continuellement dans l'espace. Le principe de continuité exprime simplement que, dans un volume fixe fermé, la variation de la masse de fluide   contenue dans l'unité de temps est égale à la somme algébrique des flux massiques traversant la surface du volume considéré.

La caractéristique essentielle d'un VER est qu'il correspond localement aux propriétés du système. Les dimensions du VER sont généralement grandes par rapport à la taille du grain pour pouvoir définir une propriété moyenne globale avec l'assurance d'une fluctuation négligeable d'un pore à l'autre, mais petites par rapport à la longueur caractéristique sur laquelle les quantités considérées varient.

La mise en place de l'équation de continuité à partir d'un VER (fig.11) se fait en plusieurs étapes.

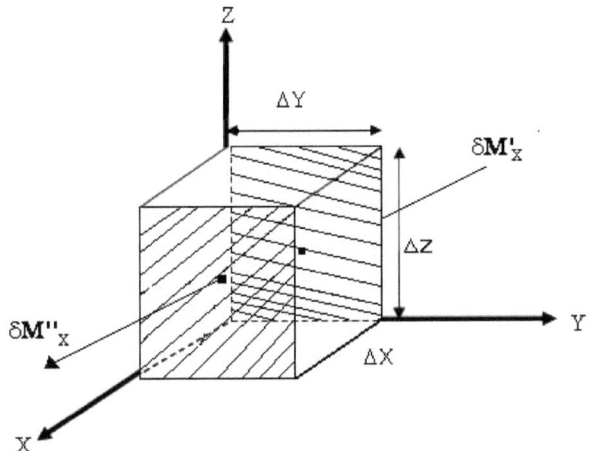

Fig. 11: Volume Elémentaire Représentatif (VER) de l'aquifère

Dans le VER, le bilan d'écoulement de l'eau est égal à :

$$\sum \text{écoulements de sortie} - \sum \text{écoulements d'entrée} \qquad (3.1)$$

- La masse d'eau entrant dans le VER par la face dy.dz pour un temps dt

peut s'écrire : $\delta M_x' = \rho . V_x . dy . dz . dt$ $\qquad (3.2)$

ρ Masse volumique de l'eau $[M][L^{-3}]$

$\vec{V}$:   Vitesse de filtration de l'écoulement (vitesse de Darcy) $[L][T^{-1}]$, exprimant la vitesse fictive d'un fluide qui percolerait à travers un milieu en occupant tout espace (pore +grains) au lieu de n'occuper que les vides. Les flux du vecteur $\vec{V}$ à travers une surface quelconque de milieu poreux, représentent ainsi le débit d'eau qui la traverse.

L'intensité de variation de cette masse sur l'axe OX est :

$$\partial \frac{(\rho V_x)}{\partial x} dx . dy . dz . d \qquad (3.3)$$

- La masse d'eau sortant du VER dans la direction X devient :

$$\delta M''_{X+dX} = \delta M'_x + \partial \frac{(\rho V_x)}{\partial x} dx . dy . dz . dt \qquad (3.4)$$

Ainsi le bilan de masse sur l'axe OX devient

$$dM_X = \delta M'_X - \delta M''_{X+dX} = -\frac{\partial(\rho V_x)}{\partial x} dx.dy.dz.dt \qquad (3.5)$$

Identiquement :

$$dM_Y = -\partial \frac{(\rho V_y)}{\partial y} dx.dy.dz.dt \qquad (3.6)$$

$$dM_Z = -\partial \frac{(\rho V_z)}{\partial z} dx.dy.dz.dt \qquad (3.7)$$

D'où $\qquad dM = -\left[\partial \frac{(\rho V_x)}{\partial x} + \partial \frac{(\rho V_y)}{\partial y} + \partial \frac{(\rho V_z)}{\partial z}\right] dx.dy.dz.dt \quad (3.8)$

- La masse d'eau initialement contenue dans le VER est :

$$M = \rho.n.dx.dy.dz \qquad (3.9)$$

$$dM = -\frac{\partial(\rho n)}{\partial t} dx.dy.dz.dt \qquad (3.10)$$

Avec M: la masse d'eau [M]

      n : Porosité du milieu poreux définie comme le rapport entre le volume des vides présents dans le VER et son volume total (sans dimension);

Les équations (3.8) et (3.10) permettent d'avoir la relation suivante :

$$\frac{\partial(\rho n)}{\partial t} = -\left[\frac{\partial(\rho V_x)}{\partial x} + \frac{\partial(\rho V_y)}{\partial y} + \frac{\partial(\rho V_z)}{\partial z}\right] \qquad (3.11)$$

De cette équation nous déduisons l'équation de continuité :

$$\frac{\partial(\rho n)}{\partial t} + \frac{\partial(\rho \, V_x)}{\partial x} + \frac{\partial(\rho \, V_y)}{\partial y} + \frac{\partial(\rho \, V_z)}{\partial z} = 0 \qquad (3.12)$$

Le principe de continuité traduit la conservation de la masse de fluide à l'intérieur de tout le VER demeurant fixe dans l'espace.

Bien souvent en hydrogéologie, il faut bien ajouter à l'équation de continuité un terme source correspondant aux prélèvements (ou apports) d'eau que l'on peut réaliser dans le milieu. Ce terme source noté « q » représente le débit volumique de fluide prélevé ou apporté (s'il est négatif) par unité de volume en chaque point. Le débit massique sera donc ρq, q étant défini à l'échelle macroscopique. Ce terme ajouté à l'équation de continuité s'écrira (Marsily, 1994):

$$\mathrm{div} \, (\rho \, \vec{V}) + \frac{\partial(\rho \, n)}{\partial t} + \rho q = 0 \qquad (3.13)$$

3.3.2 Equation du mouvement : loi de Darcy

L'écoulement de l'eau à travers les formations perméables a été étudié par Darcy en 1856 (Darcy, 1856) et exprime, dans le cadre d'un modèle macroscopique, la relation fondamentale de la mécanique. Selon cette relation, les vitesses de circulation de l'eau dans les milieux poreux sont très variables.

La loi de Darcy est une loi empirique, obtenue pour un flux monodimensionnel à travers une colonne de sable homogène et s'écrit :

$$Q = -\frac{\rho g}{\mu} k A \frac{dh}{dl} \qquad (3.14)$$

Avec Q : débit, A l'aire de la section perpendiculaire à l'écoulement, dh/dl gradient de charge hydraulique, g l'accélération de la pesanteur, ρ la masse volumique d'eau, k la perméabilité intrinsèque du milieu et μ la viscosité cinématique du fluide. La viscosité cinématique varie avec la température (Marsily, 1994).

Lorsque la température augmente, la viscosité diminue (tableau V).

Tableau V: variation de la viscosité en fonction de la température (Marsily, 1994)

Température en °C	Viscosité (μ) en centipoise à la pression atmosphérique
0	1,787
10	1,310
20	1,002
40	0,653
60	0,466
80	0,355
100	0,282

Pour un fluide incompressible, la généralisation en trois dimensions de la loi de Darcy nous permet d'écrire la vitesse d'écoulement de l'eau sous la forme vectorielle suivante:

$$\vec{V} = -\frac{\rho g}{n \mu} k \overrightarrow{grad} \, h \qquad (3.15)$$

où V est la vitesse de Darcy et h la charge hydraulique macroscopique définie par la relation : h = z+p/ρg. $\qquad$ **(3.16)**

De l'expression de la vitesse de Darcy, on déduit celle de la conductivité hydraulique $\overline{\overline{K}}$ par la relation suivante :

$$\overline{\overline{K}} = \frac{\rho g}{\mu} k \qquad (3.17)$$

La conductivité hydraulique est une mesure de la capacité du milieu à laisser circuler l'eau. Dans le but de rendre compte de l'anisotropie du milieu poreux, inhérente à la structure des formations géologiques, on considère la conductivité hydraulique comme une propriété tensorielle. Dans ce cas, elle s'exprime sous la forme d'un tenseur symétrique de second ordre (Ledoux, 1986; Marsily, 1994; Besnard, 2003).

$$\overline{\overline{K}} = \begin{bmatrix} Kx & 0 & 0 \\ 0 & Ky & 0 \\ 0 & 0 & Kz \end{bmatrix} \qquad (3.18)$$

Kx, Ky, Kz les conductivités hydrauliques suivant les directions principales OX, OY et OZ.

En pratique, l'extrême division du milieu poreux et son énorme capacité calorifique font que les écoulements y sont toujours isothermes (Marsily, 1994).

3.3.3 Equations d'état

Les équations d'état traduisent le comportement mécanique de l'eau et de la matrice rocheuse en fonction de la pression. En hydrogéologie, on adopte habituellement un modèle élastique pour expliquer ce comportement, faisant intervenir les coefficients d'élasticité α et β définis par les relations suivantes (Bear, 1972, Ledoux, 1986) :

$$\beta = \frac{1}{\rho}\frac{d\rho}{dp} \qquad (\text{ pour l'eau}), \qquad (3.19)$$

$$\frac{dV}{V} = -\alpha.d\overline{\sigma} = \alpha.dp \qquad (\text{pour la matrice poreuse}). \qquad (3.20)$$

Dans ces équations $\overline{\sigma}$ représente la contrainte effective (contrainte s'exerçant sur les grains) au sein du Volume Elémentaire Représentatif de volume V.

Dans un milieu déformable, Marsily (1981) relie la variation du stock en eau d(ρn) dans un VER à la variation dh du niveau piézométrique par la relation :

$$\frac{\partial(\rho n)}{\partial t} = n\frac{\partial \rho}{\partial t} + \rho\frac{\partial n}{\partial t} = \rho^2 g(\alpha + n\beta)\frac{\partial h}{\partial t} \qquad (3.21)$$

On pose $Ss = \rho g(\alpha + n\beta)$, ce qui définit le coefficient d'emmagasinement spécifique du milieu poreux sur tout le VER [L^{-1}] (Ledoux, 1986).

L'équation devient donc

$$\frac{\partial(\rho n)}{\partial t} = \rho \, S_s \, \frac{\partial h}{\partial t}$$

(3.22)

3.3.4 Equation de diffusivité

La combinaison des trois groupes de relations à savoir : l'équation de continuité, la loi de Darcy et l'équation d'état conduit à l'équation aux dérivées partielles unique suivante, dite équation de diffusivité, en négligeant le gradient de masse volumique dans l'espace (Ledoux, 1986; Marsily, 1994 ; Zheng et Bennett, 2002) :

$$\operatorname{div}(\overline{\overline{K}} \, \overrightarrow{\operatorname{grad}} \, h) = S_s \frac{\partial h}{\partial t} + q$$

(3.23)

Cette équation développée devient :

$$\frac{\partial}{\partial x}(K_{xx}\frac{\partial h}{\partial x}) + \frac{\partial}{\partial y}(K_{yy}\frac{\partial h}{\partial y}) + \frac{\partial}{\partial z}(K_{zz}\frac{\partial h}{\partial z}) + q = S_s \frac{\partial h}{\partial t}$$

(3.24)

Avec

- Kxx, Kyy, Kzz les valeurs de la conductivité hydraulique le long des axes x, y et z, supposés parallèles aux directions principales du tenseur des conductivités hydrauliques (T^{-1});

- h : la charge hydraulique (L) ;

- q : le flux volumétrique par unité de volume représente le terme source (extraction, recharge) (LT^{-1}) ;

- Ss est l'emmagasinement spécifique du matériau poreux (L^{-1}) ;

- t : le temps (T)

Cette équation définit entièrement l'écoulement en permettant la détermination du champ de charge hydraulique h. C'est cette équation que les modèles phénoménologiques d'écoulement en milieu poreux s'efforcent de résoudre (Ledoux, 1986).

3.3.5 Conditions aux limites et conditions initiales

3.3.5.1 Conditions aux limites

L'identification du comportement hydrodynamique de l'aquifère repose sur une définition rigoureuse des conditions aux limites (Castany, 1998). De façon générale, les conditions aux limites liées à l'équation de diffusivité servant à résoudre les problèmes d'hydrodynamique souterraine doivent inclure la forme géométrique de la limite et la façon dont la variable dépendante (par exemple, la charge hydraulique h, la pression p ou la fonction courant ψ) et/ou ses dérivées varient à cette limite (Banton et Bangoy, 1997). Elles sont la base du modèle conceptuel. On distingue les conditions aux limites suivantes :

3.3.5.1.1 Limites à potentiel imposé (condition de Dirichlet).

Les conditions de potentiel s'expriment par h = h_0 = constante. Dans ce cas, la limite est une surface équipotentielle (ou courbe dans le cas d'un écoulement bidimensionnel). Les conditions de potentiels imposés peuvent être :

- le contact de la nappe avec un plan d'eau libre (rivière, lac, etc.) ;

- une ligne de source : la côte de l'eau est imposée lorsque la nappe s'écoule vers l'extérieur ;

- les affleurements de la nappe, dans certains cas où le flux pouvant entrer par ces affleurements, sont supérieurs aux flux s'écoulant vers l'intérieur de la nappe.

3.3.5.1.2 Limites à flux imposé (conditions de Neumann)

Les débits peuvent être nuls, entrant ou sortant. Les débits nuls sont imposés par les limites géologiques étanches. Les débits entrants ou affluents, sont les nappes affluentes, les aires d'alimentation par infiltration des précipitations efficaces, les rivières infiltrantes, etc… Les débits sortants sont les sources et les lignes d'émergence, les cours d'eau drainant (Marsily, 1981).

On les regroupe de la façon suivante :

- *Les limites à flux imposé non nul*

Le long d'une surface (ou courbe dans le cas d'un écoulement bidimensionnel), le flux normal à la limite est décrit en tout point de la limite comme une fonction de la position sur cette limite (et du temps, dans le cas d'un écoulement transitoire) (Banton et Bangoy, 1997) :

$$q_n = q.n = f(x, y, z, t) \qquad \text{en milieu anisotrope} \quad (\textbf{3.25})$$

$$\nabla h.n = \frac{\partial h}{\partial l_n} = f(x, y, z, t) \qquad \text{en milieu isotrope} \quad (\textbf{3.26})$$

Où q_n est la composante de q normale à la limite; n la direction normale d'entrée à travers la limite ; l_n la distance mesurée le long de n. Une limite à flux imposé non nul, peut être :

• un affleurement d'une nappe où le flux entrant est inférieur au flux pouvant s'écouler dans la nappe; c'est le flux entrant qui est imposé :

• un prélèvement à débit constant dans un ouvrage (puits, tranchée, etc.) ;

• le contact entre deux aquifères de conductivités hydrauliques différentes, si le contraste de conductivité hydraulique est très élevé.

-   *les limites à flux nul*

Le long d'une limite imperméable, le flux normal à la limite est nul, par conséquent :

$$q_n = q.n = 0 \qquad \text{en milieu anisotrope} \qquad (\textbf{3.27})$$

$$\nabla h.n = \frac{\partial h}{\partial l_n} = 0 \qquad \text{en milieu isotrope} \qquad (\textbf{3.28})$$

3.3.5.2   Conditions initiales

Pour les problèmes d'écoulement transitoire, il faudra nécessairement prendre en compte les conditions initiales du problème.

3.4   Relations phénoménologiques régissant le transfert des polluants

Les éléments transportés sont dits "en solution" lorsqu'ils ne constituent pas une phase mobile différente de la phase fluide principale, c'est à dire l'eau du milieu naturel, mais s'y intègrent en modifiant éventuellement les propriétés physico-chimiques (notamment la masse volumique et la viscosité). Les éléments sont alors caractérisés par leur concentration dans cette phase principale. Ces éléments pourront revêtir différentes formes chimiques : ions, agrégats de molécules ou d'ions dont l'interaction avec le milieu devrait pouvoir être envisagée de manière spécifique (Ledoux, 1986 ; Besnard, 2003).

La conceptualisation des transferts de solutés s'organise autour de trois mécanismes : la convection, la dispersion et l'interaction entre fraction mobile et fraction immobile du milieu.

3.4.1 Mécanismes de convection

Il s'agit de l'entraînement des éléments en solution dans le mouvement du fluide qui se déplace (Ledoux, 1986 ; Marsily, 1994). Dans un milieu poreux saturé, on distingue deux fractions fluides, celle qui est liée au solide par des forces d'attraction moléculaire, dite eau liée, et celle qui est libre de circuler sous l'action des gradients de charge hydraulique, dite eau libre. La vitesse de transport des éléments est donc celle de l'eau lorsque la particule ne réagit pas avec le milieu solide constituant l'aquifère.

Le transport convectif est donc un transport mécanique (hydraulique) de la matière avec une vitesse de filtration moyenne pour toutes les particules (ou vitesse de Darcy):

Le flux convectif Q de soluté i qui traverse l'unité de surface de milieu poreux s'exprime par la relation (Ledoux, 1986 ; Banton et Bangoy, 1997 ; Fetter, 2001) :

$$Q = \vec{V}.\vec{n}.C \qquad\qquad (3.29)$$

où : $\vec{V}$ est la vitesse de Darcy de l'écoulement,

$\vec{n}$ est le vecteur normal à la surface unité,

C est la concentration du soluté i présente dans le fluide qui circule . Cette concentration s'exprime souvent en g/L.

La variation de ce flux massique dans un intervalle de temps unité s'obtient par la formule suivante (Marsily, 1994) :

$$-\left[\frac{\partial}{\partial x}(V_x C) + \frac{\partial}{\partial y}(V_y C) + \frac{\partial}{\partial z}(V_z C)\right] = n_C \frac{\partial C}{\partial t} \qquad\qquad (3.30)$$

En tenant compte du terme source cette variation de flux massique devient :

$$-\left[\frac{\partial}{\partial x}(V_xC)+\frac{\partial}{\partial y}(V_yC)+\frac{\partial}{\partial z}(V_zC)\right]+q_sC_s = n_C\frac{\partial C}{\partial t} \qquad (3.31)$$

Cette équation donne la forme :

$$\boxed{-\,\mathrm{div}(C.\vec{V}) + q_sC_s = n_c\frac{\partial C}{\partial t}} \qquad (3.32)$$

où $\dfrac{\partial C}{\partial t}$ représente la variation de la concentration en fonction du temps.

n_C : la porosité cinématique

q_sC_s : la masse de soluté de la source de pollution par unité de volume

3.4.2   Mécanisme de dispersion

On désigne sous le terme général de dispersion l'ensemble des mécanismes qui tendent à réduire les contrastes de concentration en se superposant au mouvement convectif moyen. Au moins deux causes peuvent être attribuées à la dispersion.

3.4.2.1. Diffusion moléculaire

C'est un phénomène physique lié à l'agitation thermique des particules dans la solution qui tend à une homogénéisation de la concentration en l'absence de mouvement convectif. En effet, dans un liquide au repos, le mouvement Brownien envoie des particules dans toutes les directions (Cacas, 1989; Marsily, 1994 ; Fetter, 2001 ; Besnard, 2003).

Fick a établi que le flux massique des particules est, dans un fluide au repos proportionnel au gradient de concentration :

$$Q = -D^* \overrightarrow{grad}C \qquad (3.33)$$

Où Q représente le flux massique de molécule (kg/m^2.s);

D* est le coefficient de diffusion moléculaire [L^{2}T^{-1}];

C est la concentration du soluté [M L^{-3}];

En remplaçant Q par sa valeur, la variation du flux massique s'écrit :

$$div(D^* \overrightarrow{grad}C) = n_c \frac{\partial C}{\partial t} \qquad (3.34)$$

En milieu poreux, la diffusion moléculaire se poursuit dans l'ensemble de la phase fluide. Seul le solide arrête (ou tout au moins ralentit très fortement) le mouvement brownien des particules.

3.4.2.2. Dispersion cinématique

Dans l'aquifère, l'eau emprunte des chemins d'écoulement différents (orientation, tortuosité) au travers des pores de dimensions variables (longueur, largeur) dans lesquelles la vitesse réelle varie aussi (section variable, rugosité). Les particules et les molécules se trouvent ainsi déplacées à des vitesses et dans des directions différentes, induisant leur dispersion dans l'aquifère (Banton et Bangoy, 1997). La figure 12 résume les principaux facteurs entraînant une dispersion du panache à l'échelle du pore. Premièrement, la friction due à la viscosité du fluide entraîne une hétérogénéité intrinsèque des vitesses à l'intérieur d'un pore : la vitesse est maximale au milieu du pore et minimale le long des parois. Une molécule se déplaçant près des parois du pore sera ralentie par friction, alors qu'une autre se trouvant au centre du pore rencontrera moins de résistance. Deuxièmement, à cause de la grande variation des dimensions et longueurs de pores, la vitesse moyenne de propagation varie d'un pore à l'autre. De plus, le véritable mouvement des particules de fluide est un chemin en zigzag, à cause de la résistance des matrices solides. Par conséquent certaines particules de fluide vont parcourir un plus long chemin pour une même distance linéaire. Enfin, s'ajoutent à cela les effets des fluctuations des lignes de courants autour de la direction moyenne d'écoulement (Besnard, 2003).

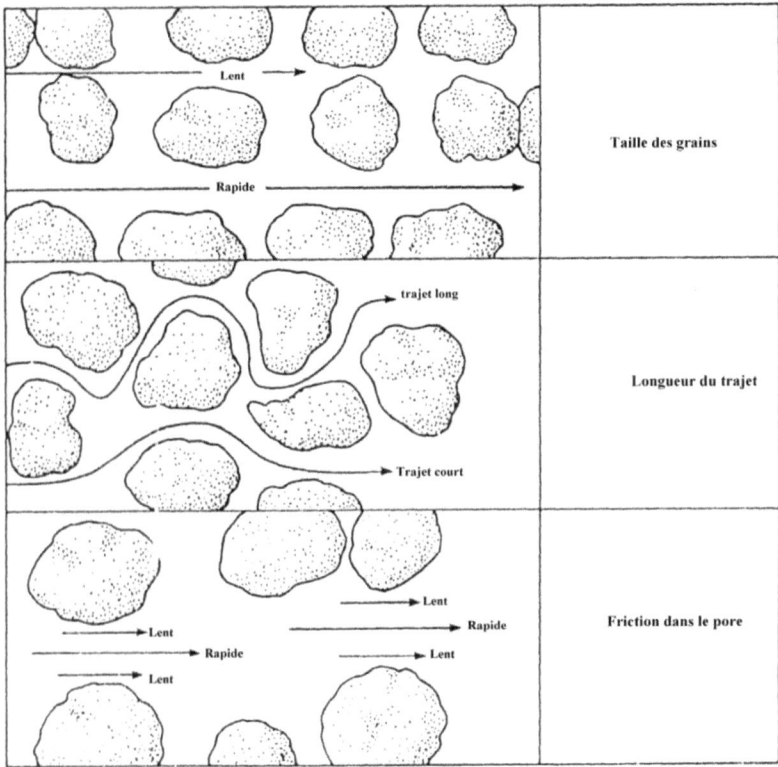

Fig. 12 : Facteurs influençant une dispersion longitudinale à l'échelle du pore (Fetter 2001)

La formule mathématique proposée consiste à adopter une loi de transfert par dispersion analogue à la loi de Fick (Ledoux, 1986 ; Marsily, 1994 ; Fetter, 2001) :

$$Q_d = -\overline{\overline{D}}\,\overrightarrow{grad}C_i.\vec{n}$$

(3.35)

Q_d : le flux dispersif à travers la surface unité de milieu poreux ;

C_i : la concentration en élément i $[M][L^{-3}]$;

$\vec{n}$: le vecteur normal à la surface unité,

$\overline{\overline{D}}$: le tenseur de dispersion $[L^2][T^{-1}]$

Cette équation s'applique sur toute la section du milieu, comme la vitesse de Darcy, mais avec un coefficient de dispersion qui est un tenseur symétrique du 2e ordre (matrice à 9 coefficients de l'espace à 3 dimensions) et ayant comme direction principale la direction du vecteur vitesse de l'écoulement (donc lié au fluide et non pas au milieu), les deux autres directions étant généralement quelconques, orthogonales à la première.

Enfin, les coefficients dans les directions principales d'anisotropie se réduisent à trois composantes :

$$\overline{\overline{D}} = \begin{bmatrix} D_L & 0 & 0 \\ 0 & D_T & 0 \\ 0 & 0 & D_T \end{bmatrix} \quad\quad (3.36)$$

D_L étant le coefficient de dispersion longitudinale (dans le sens de l'écoulement),

D_T le coefficient de dispersion transversale (orthogonal à l'écoulement).

D'après les expériences menées en laboratoire par Pfankuch (1963), on admet pour le domaine des vitesses usuelles les relations :

$$D_L = \alpha_L |V|$$
$$D_T = \alpha_T |V|$$

$$(3.37)$$

α_L et α_T qui ont la dimension d'une longueur, étant les coefficients de dispersion intrinsèque ou dispersivités.

3.4.2.3. Dispersion hydrodynamique

Dans la pratique, la diffusion moléculaire et la dispersion cinématique ne peuvent pas être dissociées. C'est pourquoi elles sont généralement décrites par une équation unique, loi de diffusion de Fick, avec un coefficient de diffusion commun, D regroupant le coefficient de diffusion moléculaire et la dispersion cinématique, appelé coefficient de dispersion hydrodynamique :

$$D_L = \alpha_L |V| + D^*$$
$$D_T = \alpha_T |V| + D^*$$

$$(3.38)$$

Avec :

D_L : coefficient de dispersion hydrodynamique longitudinale

D_T : coefficient de dispersion hydrodynamique transversal

D^* : coefficient de diffusion moléculaire

3.4.3   Interaction entre fraction mobile et fraction immobile (sorption)

La phase immobile comprend essentiellement la partie solide, mais également le liquide immobile lié au solide par des forces d'attraction moléculaire. Les interactions entre la fraction mobile et la fraction immobile dans l'étude de la migration des polluants sont régies par plusieurs mécanismes (Ledoux, 1986).

A l'échelle microscopique des grains du milieu poreux, un soluté peut se fixer sur la matrice rocheuse. Le plus souvent un équilibre s'établit dans la solution entre la fixation (adsorption) et la libération (désorption) des particules. Certaines particules de grandes tailles (ions complexes, colloïdes, etc..) ne pourront pas pénétrer dans les pores les plus petits du milieu et se verront ainsi filtrées au cours de leur mouvement. D'autres espèces chimiques pourront réagir de manière éventuellement irréversible avec des constituants de la matrice (réaction acide-base, oxydo-réduction, précipitation).

A l'échelle macroscopique, la répartition du soluté sera influencée par celle de la porosité et de la conductivité hydraulique.

L'ensemble des mécanismes influençant la migration des polluants se traduit par un « terme source » dans l'équation du transport, représentant la non conservation de la matière lorsqu'on fait le bilan des flux entrant et accumulés dans un volume D. Ce terme source a pour expression :

$$Q = (1 - n)\rho_s \frac{\partial F}{\partial t} \qquad\qquad (3.39)$$

avec

Q : terme source, représentant un apport ou une disparition d'éléments

ρ_s : la masse volumique des grains solides,

n : la porosité totale,

F : la concentration massique représentant la masse d'éléments adsorbés par unité de masse du solide ;

$(1-n)\rho_s$: la masse du solide par unité de volume du milieu poreux ;

$(1-n)\rho_s F$: la masse de l'élément lié au solide par unité de volume du milieu poreux .

Le problème de l'adsorption est de préciser la relation qui existe entre la masse d'éléments adsorbés F dans la fraction immobile et la concentration volumique C dans la fraction mobile. Différentes lois (filtration, réactions géochimiques, adsorption) menées au laboratoire ou in situ, ont été proposées et basées sur l'interprétation d'expériences de traçage par diverses substances. Ces expériences sont encore peu nombreuses et l'approche globale qu'elles représentent, rend hasardeuse sinon sans fondement toute tentative d'extrapolation des paramètres dans l'espace et dans le temps (Ledoux, 1986). Dans notre description, nous retiendrons les principales interactions entre fraction mobile et fraction immobile.

3.4.3.1. Isotherme linéaire, réaction réversible

Le modèle le plus simple permettant de décrire un phénomène de sorption à l'équilibre est l'isotherme linéaire. Elle dérive d'une analyse simple de l'équation de transport : si on considère l'ensemble des éléments en solution, on montre alors que la relation entre C et F est une isotherme linéaire, dans le cas des très faibles concentrations :

$$F = K_d C \qquad\qquad (3.40)$$

$$\frac{\partial F}{\partial C} = K_d \qquad\qquad (3.41)$$

Le coefficient K_d est un coefficient de distribution. Cette isotherme est appropriée pour les phénomènes dans lesquels les énergies de sorption sont uniformes quand la concentration augmente et la charge du sorbant est faible. Cette isotherme suffit à décrire l'adsorption de manière approchée voire, dans certains cas, précisément, notamment pour de très faibles concentrations de soluté et pour des solides aux faibles potentiels de sorption. Il est observé par exemple lors de l'adsorption de substances hydrophobes sur des particules organiques ou organiquement riches.

3.4.3.2. Isotherme non linéaire de Langmuir

Ce modèle a été développé avec l'hypothèse que la surface solide possède un nombre fini de sites d'adsorption, identiques et possédant la même énergie d'adsorption. Quand tous les sites sont remplis, la surface ne peut plus absorber de solutés. On admet alors la relation :

$$F = S_{max} \frac{K_L C}{(1 + K_L C)} \qquad (3.42)$$

$$\frac{\partial F}{\partial C} = \frac{K_L S_{max}}{(1 + K_L C)^2} \qquad (3.43)$$

Nous voyons que la sorption F est directement proportionnelle à S_{max}. K_L est la constante thermodynamique de réaction à une température donnée.

3.4.3.3. Isotherme non linéaire de Freundlich

L'isotherme de Freundlich est probablement le plus utilisé des modèles d'isotherme non linéaire en hydrogéologie. Bien qu'à la fois son origine et ses applications soient pour la plus grande partie empiriques, il a été montré que ce modèle est rigoureux thermodynamiquement pour certains cas de sorption sur des surfaces hétérogènes. La principale hypothèse sous-jacente à ce modèle est que le nombre de sites d'adsorption est largement supérieur à la quantité de soluté. La relation non linéaire entre *C* et F s'écrit alors :

$$F = K_F C^a \qquad (3.44)$$

$$\frac{\partial F}{\partial C} = K_L a C^{a-1} \qquad (3.45)$$

avec K_F constante positive qui se rapporte à la capacité de la sorption, et a, coefficient de Freundlich se rapportant lui à l'intensité de la sorption. La sorption est directement proportionnelle à K_F et décroît de façon non linéaire avec la concentration en solution. Cette isotherme a été appliquée pour décrire la sorption sur des sols de nombreux métaux (Bornemisza et Llanos, 1967; de Haan *et al.,* 1987; Adhikari et Singh, 2003) et composés organiques, notamment les pesticides (Calvet *et al.,* 1980; Senesi *et al.,* 1994; Xue *et al.,* 1995). Des valeurs de a proches de 1 sont valides pour la plupart des contaminants organiques alors que de plus faibles valeurs (0,4-0,6) sont utilisées pour les métaux lourds et le phosphore.

3.4.4   Equation généralisée d'advection-dispersion

La combinaison des trois groupes de relations décrivant les mécanismes de convection, de dispersion et d'interaction conduit à l'équation aux dérivées partielles, dite équation généralisée de la dispersion. Cette équation exprime la conservation pour tout VER de la masse d'un soluté au cours de son transfert (Ledoux, 1986, Marsily, 1994):

$$n\frac{\partial C}{\partial t} + (1-n)\rho_s \frac{\partial F}{\partial t} = \text{div}(\overline{\overline{D}}\text{grad}\vec{C}) - \text{div}(\vec{V}C) \qquad (\,3.\,46\,)$$

Cette équation prend la forme :

$$\boxed{n\frac{\partial C}{\partial t} + (1-n)\rho_s \frac{\partial F}{\partial C}\frac{\partial C}{\partial t} = \text{div}(\overline{\overline{D}}\text{grad}\vec{C}) - \text{div}(\vec{V}C)} \qquad (\,3.\,47\,)$$

Cette équation fait ainsi intervenir :

- la vitesse de Darcy de l'écoulement $\vec{V}$,

- la porosité cinématique du milieu poreux n, définie comme le rapport entre le volume de la fraction mobile et le volume total du VER,

- la masse volumique ρ_s de la fraction immobile,

- le tenseur de dispersion $\overline{\overline{D}}$;

- la masse d'éléments adsorbés F dans l'unité de masse de la fraction immobile;

- la concentration volumique C dans la fraction mobile.

Il est, par ailleurs, nécessaire de la compléter par la relation liant F et C, suivant le modèle d'interaction retenu.

3.4.5 Méthodes de résolution de l'équation d'advection-dispersion

L'équation d'advection-dispersion peut être résolue soit par des méthodes analytiques, soit par des méthodes numériques (Besnard, 2003). La procédure d'obtention des solutions numériques se fait en deux étapes : l'application des différences finies ou des éléments finis sur le modèle original et, la résolution des équations matricielles résultantes.

3.4.5.1. Application des différences finies et des éléments finis

La méthode des différences finies, est l'approche la plus utilisée dans les problèmes de modélisation des eaux souterraines à cause de sa simplicité et de sa facilité d'application. Les discussions sur la méthode des différences finies ont été abordées par plusieurs auteurs (Prickett, 1975 ; Bennett, 1976 ; Wang et Anderson, 1982). Cette méthode consiste en une approximation simple des variables inconnues pour transformer les équations aux dérivées partielles selon le développement de la série de Taylor au voisinage de points choisis (Koffi, 2004). Ces points relèvent de la division du domaine étudié en mailles (fig.s 12 et 13). C'est la discrétisation de l'espace en forme de carrés, de rectangles ou des parallélépipèdes rectangulaires pour les modèles tridimensionnels. Dans n'importe quelle simulation utilisant les différences finies, les charges ou les concentrations sont calculées en chaque point de l'espace. Les modèles en différences finies sont fréquemment décrits soit en blocs centrés, soit en mèches.

Dans un schéma en bloc centré (fig. 13), la région à simuler doit être divisée en cellule, maille ou en blocs autour d'un nœud. Les propriétés hydrauliques sont normalement définies pour chaque maille et considérées uniforme dans celle-ci.

Dans le schéma des différences finies en mèches, les nœuds sont localisés au niveau des points d'intersection des lignes de la grille (fig. 14). Les lignes situées à mi-chemin entre les noeuds adjacents, servent encore à délimiter différentes régions pour lesquelles les propriétés hydrauliques sont spécifiées.

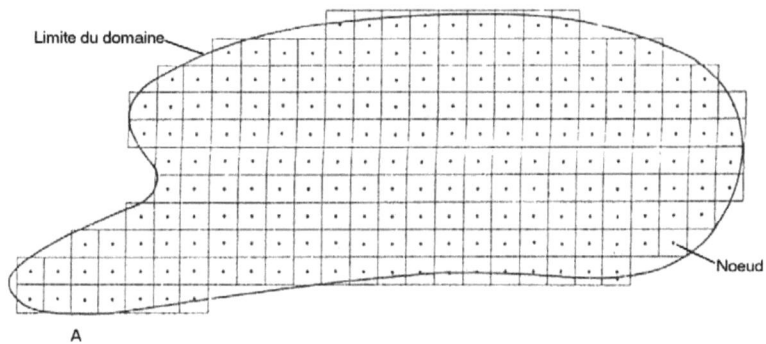

Fig. 13 : Représentation d'un maillage en différences finies à blocs centrés

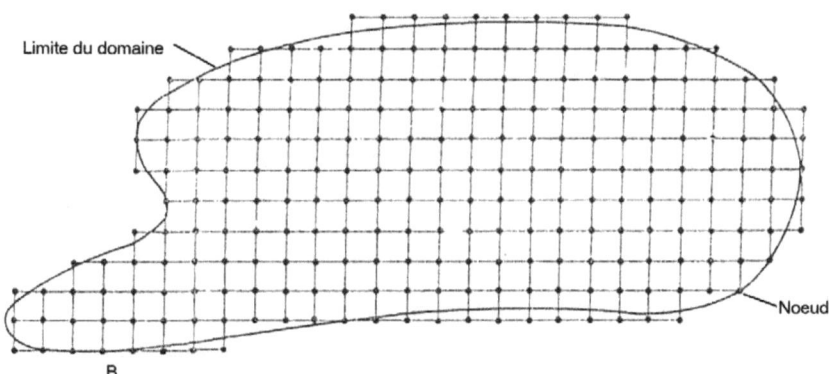

Fig. 14: Représentation d'un maillage en différences finies à mèches

Dans une grille de différences finies, le schéma de notation pour le calcul de la charge au centre d'une maille est représenté par la figure 15.

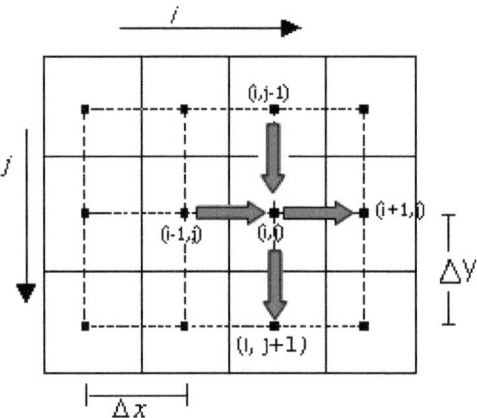

Fig. 15: Notation pour le calcul dans un maillage en différences finies

Pour chacune des mailles, un bilan est effectué sur un intervalle de temps dt. Par exemple, en régime permanent, le bilan d'eau dans la maille (i,j) est donné par l'équation suivante (Wang et Anderson, 1982) :

$$(h_{i-1,j} - 2h_{i,j} + h_{i+1,j})/(\Delta x)^2 + (h_{i,j-1} - 2h_{i,j} + h_{i,j+1})/(\Delta y)^2 = -\frac{R}{T} \qquad (3.47)$$

Avec : $h_{i,j}$ la charge au niveau du nœud i,j ;

Δx et Δy les distances entre les nœuds dans les directions x et y ;

R : la recharge ;

T : la transmissivité de l'aquifère.

L'ensemble des bilans sur les mailles se traduit par un ensemble d'équations algébriques du bilan. Cet ensemble d'équations forme un système qui est résolu par des méthodes numériques.

La méthode des éléments finis est une technique puissante et très flexible pour intégrer une équation aux dérivées partielles sur un espace (Marsily, 1994). Elle comporte trois étapes principales :

- Le domaine est décomposé en un ensemble d'éléments qui, en deux dimensions sont, généralement des triangles ou des quadrilatères, mais qui peuvent avoir des formes plus complexes (fig.16).

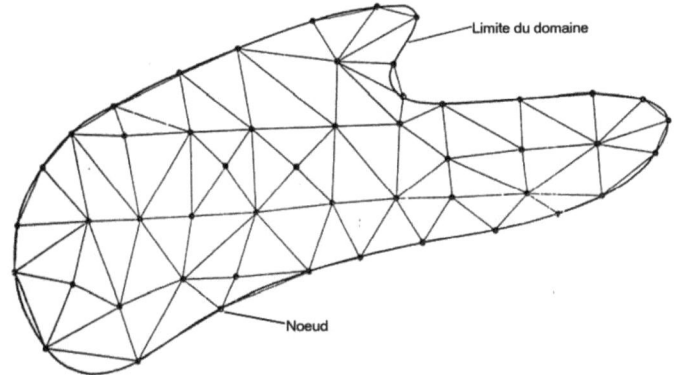

Fig. 16: Représentation d'un maillage en éléments finis

- Sur chaque élément, la fonction inconnue h(x,y) est décomposé sur un ensemble de fonction de base connues $b_k(x,y)$ tel que :

$$h(x,y) = \sum_1^m a_k b_k(x,y)$$

Les inconnues sont alors les coefficients a_k dans chaque élément.

- On décrit une équation intégrale afin de s'assurer que h(x,y) vérifie approximativement l'équation différentielle en question ou celle du bilan de masse.

3.4.5.2. Méthodes de résolution numériques

Les méthodes de résolution des équations aux différences partielles des modèles hydrogéologiques existent sous quatre formes (Zheng, 1990 ; Anderson et Woessner, 1992) : les méthodes analytiques, le schéma numérique eulérien, l'approche Lagrangienne et l'approche mixte eulérienne-lagrangienne.

Les **méthodes analytiques** nécessitent la résolution de l'équation aux dérivées partielles avec des conditions initiales et limites précises (Zheng et Bennett, 2002 ; Besnard, 2003). Ces méthodes sont limitées à des systèmes géométriques simples et généralement à un milieu homogène. Les méthodes analytiques, souvent utilisées dans le cas du transport des polluants (Yeh (1981), Javandel *et al.* (1984), Beljin (1990), Wexler (1992)), constituent des moyens primaires pour tester les codes numériques.

Sauty (1980) et van Genuchten (1981)) ont fourni des solutions analytiques avec des conditions aux limites du 1er type (Dirichlet), second-type (Neumann) et 3e type (Cauchy). Bear (1972), Wilson et Miller (1978), Batu (1993), par exemple, ont présenté des solutions analytiques du transport bidimensionnel. Enfin, Domenico et Robbins (1985) se sont quant à eux intéressés aux solutions analytiques du transport tridimensionnel.

Dans certains cas, il peut s'avérer utile d'utiliser une méthode **semi-analytique**. Le problème est d'abord résolu analytiquement dans les domaines des transformées de Fourrier ou de Laplace et la transformée inverse est ensuite calculée numériquement.

Lorsque les méthodes précédentes ont échoué, l'équation d'advection-dispersion doit être résolue **numériquement** (Besnard, 2003). Le caractère mixte de l'équation avec une dérivée seconde, terme parabolique, exprimant la dispersion et une dérivée première, terme hyperbolique, exprimant l'advection rend sa résolution numérique difficile.

Il existe trois grandes techniques numériques :

- **schéma numérique eulérien** : le système d'équations est résolu à l'aide d'un maillage fixe. Les deux principales méthodes numériques correspondantes sont les différences finies et les éléments finis. Ces méthodes sont simples, conservent la masse et sont faciles à mettre en œuvre. Dans ces méthodes, les systèmes d'équations sont résolus de façon implicite ou explicite en faisant appel à des méthodes de résolution des systèmes d'équation linéaires (Koffi, 2004). Néanmoins, lorsque le transport par advection est le processus de transport dominant, comme c'est le cas dans la majorité des transports de soluté dans les eaux souterraines, ces méthodes entraînent une dispersion numérique excessive et/ou des oscillations artificielles (Zheng et Bennett, 2002). Ces erreurs peuvent être réduites en diminuant les discrétisations spatiale et temporelle mais l'effort de calcul engendré peut être trop important.

- **approche Lagrangienne** : La méthode lagrangienne de base est le "particle tracking" (Besnard, 2003). Elle traite le transport d'un nombre important de particules en évitant de résoudre directement l'équation d'advection –dispersion. Cette méthode évite les dispersions numériques et est recommandée pour le transport des particules dans le cas d'un transport advectif dominant (Zheng et Bennett, 2002).

- **approche mixte eulérienne-lagrangienne** : La méthode eulérienne est plus appropriée pour le transport dispersif alors que la méthode lagrangienne est recommandée pour le transport advectif. Dès lors l'approche eulérienne-lagrangienne dans un transport d'advection–dispersion, a pour avantage de résoudre le terme advectif par la méthode lagrangienne pendant que le terme dispersif est résolu par la méthode eulérienne (Zheng et Bennett, 2002).

Conclusion partielle

La zone d'étude appelée « zone d'Akouédo » est située sur le bassin sédimentaire dans la partie nord de la faille des lagunes. Cette partie renferme la nappe du continental Terminal exploitée pour l'alimentation en eau de la ville d'Abidjan. La zone d'Akouédo possède trois principaux champs captants qui pompent chacun en moyenne près de 60 000 m^3 d'eau par jour.

Mais au niveau de cette zone, se trouve la décharge d'Akouédo qui est une décharge sauvage, parce qu'elle reçoit des polluants de divers types et les lixiviats issus de celle-ci ne sont pas traités. Les principaux polluants liés à l'infiltration des lixiviats sont constitués de métaux lourds (Cu, Cd, Pb, Zn, As, Hg, Co, Cr,...), de nutriments (produits azotés et phosphatés, les sels), de substances organiques et de microorganismes.

Les processus liés à l'infiltration des lixiviats sont des processus physiques (Advection, dispersion, Filtration, etc), chimiques et biochimiques. Ces différents processus modifient le transport des polluants vers les eaux souterraines.

Les principaux modèles hydrogéologiques sont les modèles physiques, analogiques et mathématiques. Les modèles mathématiques sont eux composés des modèles analytiques et numériques (modèles déterministes) et de modèles stochastiques (modèles probabilistes). Les modèles les plus utilisés sont les modèles numériques qui facilitent la résolution des équations complexes.

DEUXIEME PARTIE :

APPROCHE METHODOLOGIQUE

4 . CARACTERISATION PHYSICO-CHIMIQUE DES LIXIVIATS, DU SOLS DE LA DECHARGE ET DES EAUX DE FORAGES

L'objectif de ce chapitre est de présenter le matériel et les méthodes utilisés pour l'analyse d'une part des lixiviats et des eaux de forages et d'autre part, des sols de la décharge.

4.1. Caractérisation des eaux de forages et des lixiviats

4.1.1. Prélèvement des échantillons

Les échantillonnages des eaux de forages et de lixiviats se sont déroulés sur l'année 2004 aux mois de février, juin, août et octobre, correspondant respectivement à la grande saison sèche, grande saison des pluies, petite saison sèche et petite saison des pluies.

Sur le terrain, le matériel utilisé, est composé d'un GPS (Global Positionning System) de marque *MLR SP 12X* pour relever les coordonnées des forages et des autres points de prélèvement (Fig. 18), d'un conductimètre-salinomètre de marque HANNA, type HI 90-32; d'un pH-mètre de marque WTW, type 340i SET ; d'un oxymètre portable WTW OXI 320 et des flacons de prélèvement d'eau et d'une glacière.

Au niveau des forages, les échantillons sont obtenus en remplissant des flacons à partir des robinets associés aux ventouses (fig. 17).

Des mesures des niveaux piézométriques ont aussi été effectuées de mai à décembre 2004 et complétées par des données piézométriques de mai à décembre 2003. Ces mesures ont été réalisées à l'aide d'une sonde lumineuse SEBA 300M.

Fig. 17 : Prélèvement des échantillons d'eau au niveau des forages

Pour les lixiviats de la décharge, les prélèvements se sont effectués à l'aide d'un flacon d'un volume de 500 mL fixé sur une tige. La tige permet de faire descendre le flacon dans le lixiviat pour prélever un volume, afin de remplir le flacon de l'échantillon. Ensuite, les échantillons d'eau et de lixiviats prélevés sont conservés dans une glacière avant d'être transférés au laboratoire. Les paramètres comme le pH, la conductivité, l'oxygène dissous, la salinité et le potentiel d'oxydo-réduction sont mesurés « in situ ».

Au laboratoire, les échantillons sont acidifiés par ajout de quelques gouttes d'acide sulfurique (H_2SO_4) et sont conservés à la température de 4°C dans un réfrigérateur.

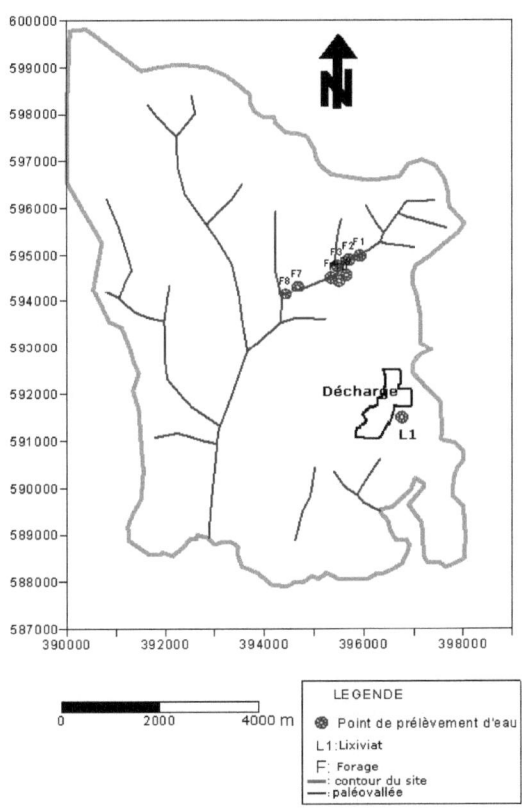

Fig. 18: Localisation des différents points d'échantillonnage des eaux de forage du champ Nord Riviera et des lixiviats de la décharge d'Akouédo

4.1.2 Analyse des paramètres chimiques

L'appareillage est constitué d'un spectromètre d'absorption moléculaire JASCOV- 530 piloté par un ordinateur (Spectra Manager) pour le dosage des ions sulfates, nitrates, nitrites, orthophosphates et ammonium; d'un spectrophotomètre d'absorption atomique *Varian AA 20* pour le dosage du sodium; d'un réacteur DCO 10119 Bioblockscientific pour la mesure de la DCO et d'un DBO-mètre type HACH pour la détermination de la DBO_5. Les méthodes d'analyse des eaux et des lixiviats sont résumées dans le tableau VI.

Tableau VI: Méthodes d'analyses des eaux et des lixiviats

Paramètres	Méthodes	Normes
Nitrite (NO_2^-)	Spectrométrie d'absorption moléculaire	NFT 90-013
Nitrate (NO_3^-)	Spectrométrie d'absorption moléculaire	NFT 90-045
Orthophosphate (PO_4^{3-})	Spectrométrie d'absorption moléculaire au molybdate d'aluminium	NFT 90-023
Sulfate (SO_4^{2-})	Méthode néphélométrique	NFT 90-040
Sodium (Na^+)	Dosage spectrométrique d'émission atomique	NFT 90-020
Chlorure (Cl^-)	Dosage par le nitrate d'argent	NFT 90-014
Matière en suspension (MES)	Filtration sur micropore	NFT90-105
Ca^{2+}, Mg^{2+}	Complexométrie avec EDTA	NT90-003
NTK	Méthode de Kjeldhal	Mathieu et Pieltain (2003)
Demande chimique en oxygène (DCO)	Mesure par oxydation au dichromate	NFT 90-101
DBO_5	Méthode par dilution	NFT 90 -103

4.2. Caractérisation physico-chimique du sol de la décharge

4.2.1 Prélèvement des échantillons

Deux profils d'échantillonnages (A et B) ont été positionnés au niveau de la décharge : le profil A au niveau des dépôts récents et le profil B au niveau des dépôts anciens. Deux autres profils (C et D) ont été positionnés en aval de la décharge. Le profil D se trouve à 150 m de la décharge et le profil C à environ 350 m en aval (Fig. 19). C'est avec une tarière munie d'outils échangeables que les prélèvements ont été effectués. Ce matériel permet d'échantillonner jusqu'à 5 m de profondeur au maximum.

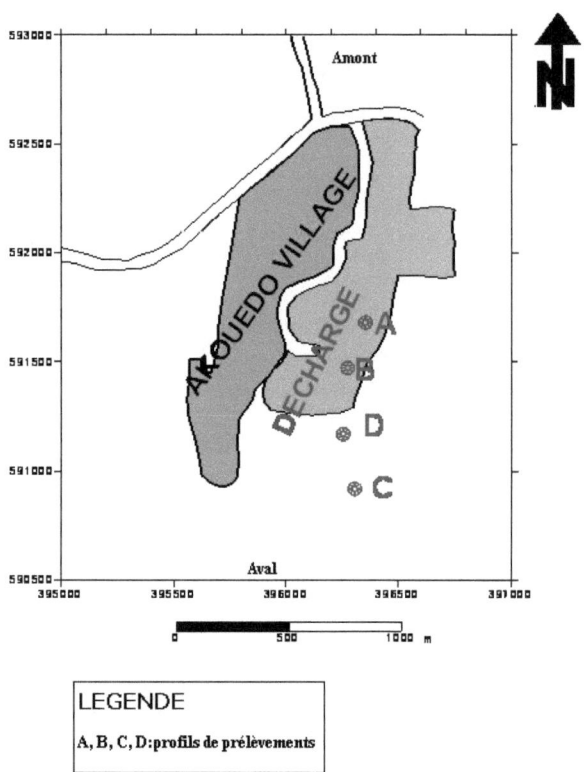

Fig. 19 : Localisation des profils de prélèvement des échantillons de sol de la décharge d'Akouédo

Pour le prélèvement d'échantillons, on exerce une pression sur la tarière par des mouvements de rotation dans le sens des aiguilles d'une montre. L'outil s'enfonce progressivement dans la colonne de sol et emprisonne un échantillon qui est récupéré dans un sachet étiqueté. Les outils permettent de faire des prélèvements chaque 20 cm dans la colonne de sol. Au niveau de la décharge, l'échantillonnage s'est arrêté à 1m pour le profil A et seulement à 20 cm pour le B, à cause des déchets solides qui empêchaient l'outil de prélèvement de s'enfoncer au-delà de ces profondeurs. Cependant, au niveau des deux profils situés en aval de la décharge, les échantillonnages ont atteint les profondeurs maximales de 5m. Ces échantillons de sol ont été prélevés pendant la campagne de mesure de février 2004.

4.2.2 Analyse des sols

L'analyse des éléments minéraux du sol est précédée d'une extraction de ces éléments. Les éléments sont extraits par traitement de l'échantillon de sol avec une solution d'acétate d'ammonium 1N à pH 4,8 dans un rapport masse (gramme) sur volume (mL) de 1/5.

Le réactif d'extraction est composé d'un mélange de 500 mL d'eau, 120 mL d'acide acétique (CH_3COOH) glacial et de 75 mL d'une solution de NH_4OH concentrée de densité égale à 0,91. Le mélange est refroidi et dilué dans un volume de un litre et on vérifie que le pH se trouve entre 4,6 et 4,8.

Pour préparer l'échantillon d'analyse, 10 g de sol fin à 2 mm de diamètre sont pesés et mis dans un erlenmeyer avec 50 ml de solution d'extraction acétate d'ammonium-acide acétique. Le mélange est agité mécaniquement pendant 30 mn et il s'en suit une filtration de ce mélange dans une fiole sèche sur un filtre lavé avec l'acide acétique.

Le dosage des éléments du filtrat s'effectue par absorption atomique après étalonnage de l'appareil avec des étalons préparés dans la solution d'acétate.

L'analyse du carbone organique a été réalisée par la méthode de Walkley et Black (Mathieu et Pieltain, 2003) dont le principe est basé sur l'oxydation du carbone organique par le dichromate de potassium ($K_2Cr_2O_7$) en milieu acide. Le dosage de l'excès de dichromate de potassium permet de déterminer la quantité de carbone organique neutralisé.

Le NTK (azote Kjeldhal) a été déterminé par la méthode Kjeldhal. Dans le procédé Kjeldhal, la matière organique azotée est minéralisée par l'acide sulfurique concentré 98% (d = 1,84), à chaud. Le carbone et l'hydrogène se dégagent à l'état de dioxyde de carbone et de l'eau. L'azote transformé en ammoniac est fixé par l'acide sulfurique à l'état de sulfate d'ammoniaque.

L'acidité effective, ou acidité active ou acidité réelle ou pH-eau a été mesurée avec un pH-mètre après avoir mis en contact 20g de sol séché à 40°C avec 50 mL d'eau distillée pendant 2 h. L'acidité de réserve ou potentielle appelée pH_{KCl} a été mesurée par pH-métrie après la mise en contact de 20 g de sol séché à 40°C avec 50 mL de solution de KCl pendant un temps qui varie de 2 à 24 h.

4.3.Traitement statistique des données

Le tableau VII présente les paramètres qui ont été analysés sur chaque site de prélèvement. Les résultats d'analyse physico-chimique des eaux de forages et des sols ont été soumis à une analyse en composante principale normée (ACPN) avec le logiciel NCSS 6. L'ACPN qui est un outil statistique, définit les facteurs principaux dont la corrélation avec les variables permet une explication des phénomènes mis en jeu. Pour admettre que le phénomène mis en jeu est suffisamment exprimé, la somme cumulée des contributions des principaux facteurs retenus doit être environ 70%.

Tableau VII : Récapitulatif des paramètres mesurés en fonction des lieux de prélèvement

Paramètres analysés	Forages Nord Riviéra (NR)	Lixiviats	Sols de la décharge
Nitrate (NO_3^-)	+	+	
Nitrite (NO_2^-)	+	+	
Phosphore (PO_4^{3-})	+	+	
Sulfate (SO_4^{2-})	+	+	
Sodium (Na^+)	+	+	
Calcium (Ca^{2+})	+	+	
Chlorure (Cl^-)	+	+	
Azote (NTK)	+	+	+
DBO_5		+	
DCO		+	
MES		+	
Plomb (Pb)			+
Zinc (Zn)			+
Cadmium (Cd)			+
Chrome (Cr)			+
Fer (Fe)			+
Cuivre (Cu)			+
Carbone Organique (CO)			+

5 .   MISE EN PLACE DU MODELE D'ECOULEMENT

Dans cette partie, nous montrerons les différentes méthodes utilisées pour le calcul des paramètres hydrodynamiques. Aussi, les principales étapes pour la mise en place de notre modèle seront-elles détaillées. Il s'agira des étapes de la mise en place du modèle conceptuel et du modèle d'écoulement.

5.1. Modèle conceptuel

L'objectif du modèle conceptuel est de simplifier le problème complexe de terrain par un schéma, en associant des données qui permettent une analyse rapide dans un modèle numérique. Toute cette simplification doit se faire avec parcimonie pour reproduire le plus possible le comportement dynamique du système (Koffi, 2004).

Selon Anderson et Woessner (1992), les étapes essentielles dans la mise en place du modèle conceptuel sont la définition des unités hydrostratigraphiques et la préparation du bilan hydrologique.

5.1.1 Définition des unités hydrostratigraphiques

5.1.1.1 Numérisation de la carte du site et du MNT

Pour élaborer la carte du site et le modèle numérique de terrain, nous avons procédé à la collecte des cartes d'Abidjan et Grand-Bassam au 1/200 000e à la Direction de la Géologie et, aux cartes topographiques de la zone d'Akouédo au 1/5000 au Centre de Cartographie et de Télédétection (CCT) du Bureau National d'Etude Technique et de Développement (BNETD). A partir de ces cartes, nous avons procédé à une numérisation du site et à la

conception du Modèle Numérique de Terrain (MNT) avec le logiciel
SURFER 7.0.

5.1.1.2 Conception du modèle de couches

La conception du modèle de couches a été effectuée à partir des
coupes de forages et du profil longitudinal du site, collectés à la Société de
Distribution d'Eau de la Côte d'Ivoire (SODECI) et à la Direction de
l'Hydraulique Humaine (DHH). Un recoupement des profils géologiques
des différents forages, piézomètres et sondages, a permis l'identification et
la description des formations en présence. Cette description a consisté en
une analyse des profils stratigraphiques de quelques forages des champs
captants NR, RC et ZE disponibles, du piézomètre d'Akouédo et du
sondage réalisé à M'badon (annexe 1). Ce modèle de couche tient compte
des deux niveaux aquifères (n_3 et n_4) tels que décrits dans les généralités.
Ce modèle de couches est représenté par la figure 20.

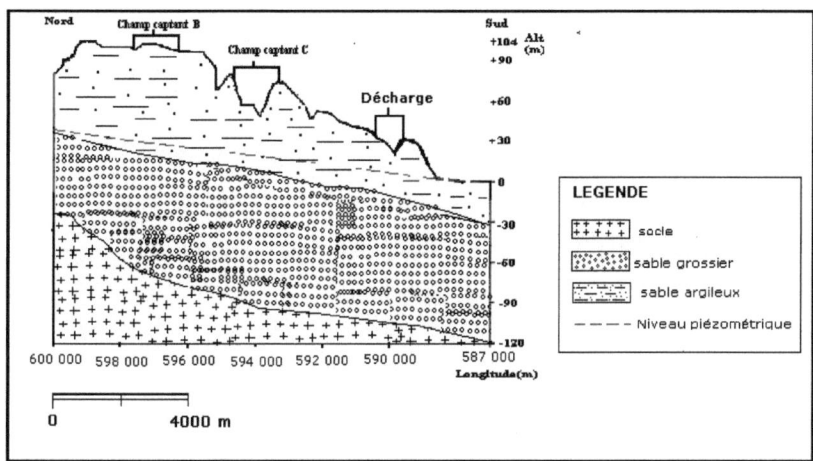

Fig. 20 : Modèle de couches de la zone d'Akouédo

Le modèle permet de distinguer deux (2) principales couches reposant sur le socle :

Les argiles sableuses

Les argiles sableuses constituent la couche superficielle du système. Cette couche a une épaisseur moyenne de 50 m.

Les sables grossiers

Les sables grossiers constituent le deuxième niveau avec une profondeur moyenne de 80 m.

Le socle granito-gneissique

Tout le système hydraulique repose sur un socle granito-gneissique supposé imperméable, situé entre 30 et 120 m de profondeur.

Avec ce modèle de couche, nous considérons que la nappe est libre sur toute sa surface. La recharge se fait à partir de la couche superficielle.

5.1.1.3 Détermination des paramètres hydrodynamiques

5.1.1.3.1. Conductivité hydraulique de la couche superficielle

La méthode d'infiltrabilité à double anneau est une méthode qui a connu du succès chez les auteurs comme Bovin et Touma (1988), et Koffi (2004) dans le calcul de la conductivité hydraulique des sols non saturés. La couche argilo-sableuse se présente comme la zone de transfert des eaux d'infiltration vers la nappe.

La méthode à double anneau est basée sur la détermination de la vitesse verticale d'un flux d'eau à travers un sol à partir de la loi de Darcy. Pour cela, nous avons utilisé un infiltromètre dit de MUNTZ (fig. 21). Ce dispositif est constitué d'un cylindre métallique central d'environ 25 cm de hauteur que l'on enfonce à 10 cm dans le sol et sur lequel on pose un vase de Mariotte qui maintient le niveau de l'eau constant à une certaine hauteur au dessus de la surface du sol. Après la stabilisation de la vitesse, on mesure le volume d'eau infiltré pendant un temps T. Connaissant le débit q d'infiltration, $q = \dfrac{V}{T}$, on applique la loi de Darcy, l'infiltration se faisant suivant la surface S égale à la section du cylindre et le gradient hydraulique égal à 1. On a donc : $K = \dfrac{V}{S.T}$ (**5.1**)

Afin d'éviter que les filets liquides divergent au dessous du cylindre central, on enfonce de 2 à 3 cm dans le sol un deuxième anneau plus grand, autour du premier, et on maintient un niveau d'eau constant dans l'espace entre les deux anneaux.

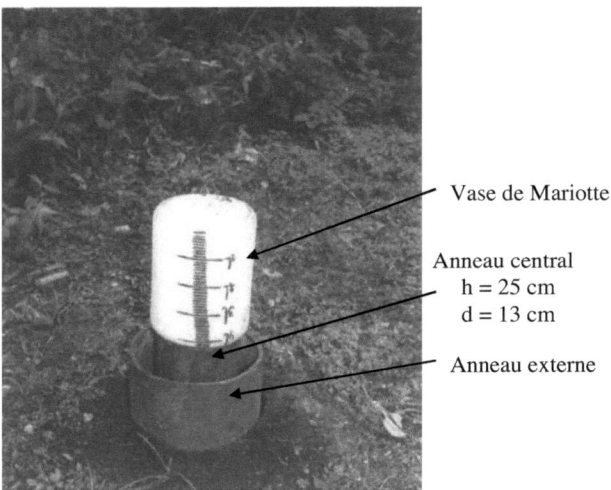

Vase de Mariotte

Anneau central
h = 25 cm
d = 13 cm

Anneau externe

Fig. 21 : Dispositif de mesure de la conductivité hydraulique de la couche superficielle (Infiltromètre de MUNTZ)

Les mesures effectuées sur le terrain sont présentées dans le tableau VIII.

Tableau VIII : Récapitulatif sur les points de mesure de la conductivité hydraulique

Points de mesure	M'badon 1 (1)	M'badon 2 (2)	Faya (6)	Décharge (5)	Champs Captant Nord Riviera (8)
Volume initial (litre)	1,2	1	1,1	1	0,4
Volume final (litre)	3,8	4	4	4	4
Durée d'infiltration	440s	951s	7246 s	3578 s	1519
Rayon du vase (cm)	6,5	6,5	6,5	6,5	6,5
Points de mesure	Riviera 9 Kilos (7)	Derrière le captant Nord Riviera (9)	Riviera centre (10)	Ivoire Golf club (4)	M'Pouto (3)
Volume initial (litre)	2,5	1,7	1,5	1,8	2,0
Volume final (litre)	4,0	4,0	3,5	2,2	4,0
Durée d'infiltration	201s	1777 s	937 s	2424 s	1615 s
Rayon du vase (cm)	6,5	6,5	6,5	6,5	6,5

5.1.1.3.2. Conductivité hydraulique de la deuxième couche

Dans le cadre de cette étude, ce paramètre a été déterminé grâce au logiciel AQTESOLV dont les données d'entrées sont les résultats d'un essai de débit, c'est-à-dire les rabattements et les temps correspondants. Il permet d'accéder aux caractéristiques hydrodynamiques de l'aquifère par calage sur plusieurs valeurs par rapport à des courbes théoriques prédéfinies. Dans notre cas, les rabattements à débit constant ont été calculés par la méthode de Theis (1935) dans le cas d'un aquifère non-confiné ou libre. L'équation de Theis traduisant l'écoulement de l'eau souterraine vers les ouvrages de captage en régime transitoire, s'exprime comme suit :

$$s = \frac{Q}{4\pi T} W(u) \qquad\qquad (5.2)$$

où : $W(u) = \int_{u}^{+\infty} \frac{e^{-u}}{u} du$ (5.3)   et $u = \frac{x^2 S}{4Tt}$ (5.4)

avec : s : rabattement (m) ;

    Q : débit de pompage (m³/s) ;

    T : transmissivité (m²/s) ;

    x : distance du piézomètre d'observation à l'ouvrage (m) ;

    S : coefficient d'emmagasinement, sans dimension;

    t : temps (s).

La conductivité hydraulique de la nappe a été calculée en divisant la transmissivité obtenue par l'épaisseur de la zone captée par le forage (ou épaisseur mouillée).

On applique donc la formule suivante :

$$K = \frac{T}{e} \qquad\qquad (5.5)$$

avec : T : transmissivité (m²/s) ;

    e : épaisseur (m).

5.1.1.3.3. Porosité de drainage

La porosité de drainage n_d, exprimée en pourcentage, est le rapport du volume d'eau gravitaire (V_d), que le réservoir peut contenir à l'état saturé, puis libérer sous l'effet d'un égouttage complet, à son volume total (Vt). Elle est inférieure à la porosité totale qui englobe l'espace occupée par l'eau liée (Marsily, 1981). La porosité de drainage   s'exprime par :

$$n_d = \frac{V_d}{Vt}$$ (5.6)

Sur le site d'Akouédo, des échantillons ont été prélevés au niveau de la couche superficielle (Fig. 22). Les échantillons ont été pesés dans des récipients jaugés. Ils ont été aspergés par des volumes d'eau connus. Après 48 heures d'égouttage, les volumes d'eau recueillis au niveau des échantillons ont été déterminés. Ces volumes ont permis de calculer les différentes porosités de drainage (tableau IX).

Tableau IX : Récapitulatif sur les points de mesure de la porosité de drainage

Nom échantillons	M'badon 1 (1)	M'badon 2 (2)	Faya (6)	Décharge (5)	Champs Captant Nord Riviera (8)
Volume d'eau versé (Vd) (cm^3)	250	250	250	250	250
Volume total échantillon (Vt) (cm^3)	610	610	610	610	610
Volume d'eau recueilli (Vr) (cm^3)	85	114	45	37	65

Nom échantillons	Riviera 9 Kilos (7)	Derrière le captant Nord Riviera (9)	Riviera centre (10)	Ivoire Golf club (4)	M'Pouto (3)
Volume d'eau versé (Vd) (cm^3)	250	250	250	250	250
Volume total échantillon (Vt) (cm^3)	610	610	610	610	610
Volume recueilli (Vr) (cm^3)	**28,5**	**60**	**37**	**31,7**	**77,9**

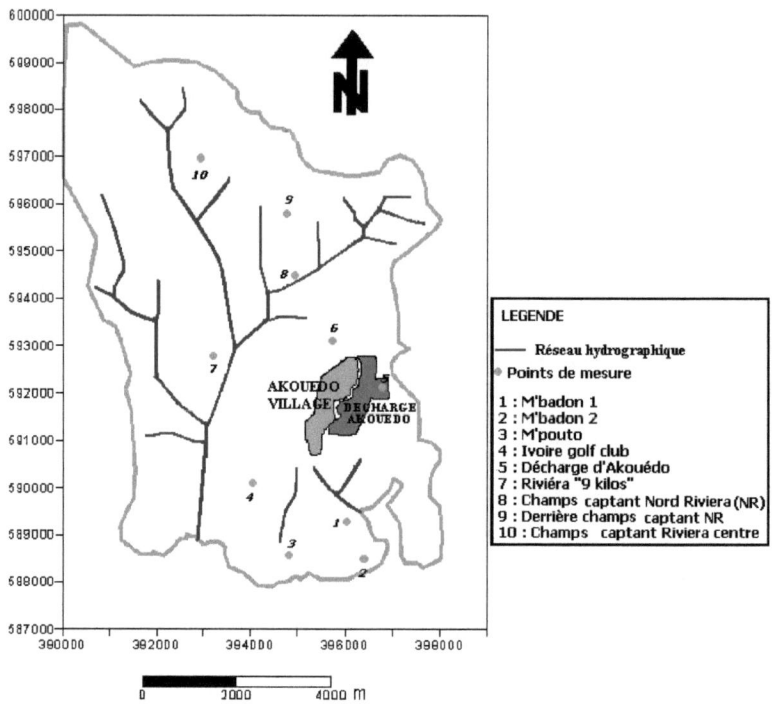

Fig. 22 : Points de mesure de la conductivité hydraulique et de la porosité de drainage de la couche superficielle de la zone d'Akouédo

5.1.2 Bilan hydrologique

Le bilan hydrologique traduit de manière quantifiable le cycle de l'eau au niveau d'une région ou d'un bassin versant. Il a pour but de comptabiliser les apports et les pertes en eau, évalués sur des périodes plus ou moins grandes. Les modèles spatialisés modernes et empiriques étudiés par des auteurs tels que Penmann (1948), Thornthwaite (1954), Turc (1961) laissent à l'opérateur le choix entre plusieurs méthodes d'estimation de l'ETP en fonction des données disponibles. Le bilan hydrologique de la zone d'Akouédo a été calculé par la méthode de Thornthwaite (1954). L'intérêt de cette méthode réside dans le fait qu'elle ne demande que les températures et pluviométries mensuelles. Le schéma général est donné à la figure 23 ci-dessous. Cette méthode permet d'estimer l'évapotranspiration potentielle.

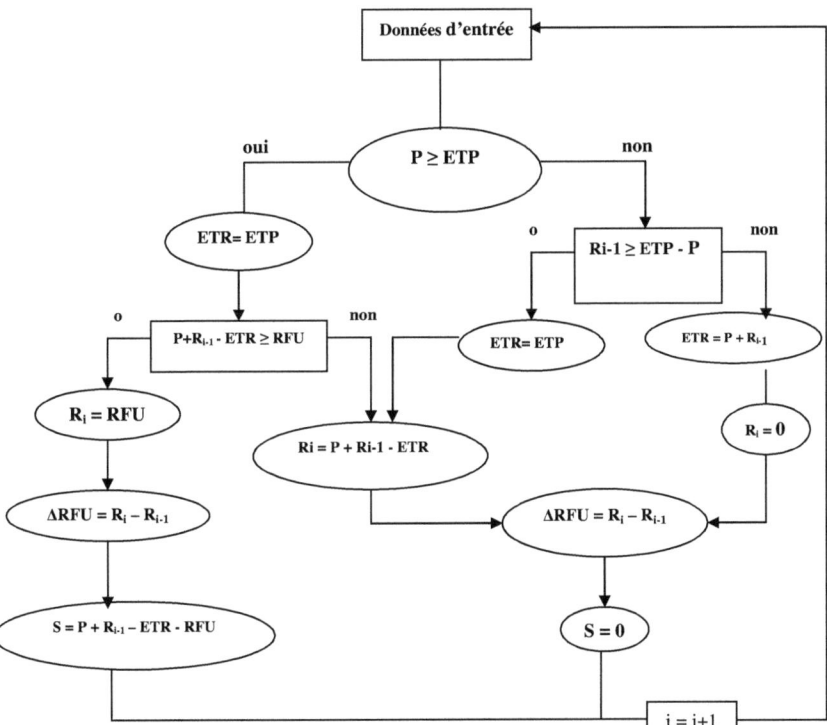

Fig. 23 : Organigramme du calcul du bilan mensuel de l'eau selon la méthode de Thornthwaite (1954)

Avec : P : pluie d'entrée.

RFU : réserve facilement utilisable par les végétaux et caractérisant un sol.

R_{i-1} : réserve effective du mois précédent.

Ri : réserve effective du mois en cours de calcul.

S : surplus disponible pour l'écoulement superficiel ou souterrain.

ETP – ETR : déficit du bilan.

P – ETR : excédent du bilan.

ΔRFU = R_i – R_{i-1} : variation des réserves.

Selon l'auteur, l'évapotranspiration potentielle est fonction de la température annuelle et de la durée du jour. La valeur de l'ETP mensuelle est donc : $ETP = 1,6(\dfrac{10t}{I})^a$ (**5.7**)

Avec:

I : indice thermique annuel ;

a est fonction de I tel que :

$a = 6,75.10^{-7}.I^3 - 7,71.10^{-5}.I^2 + 1,79.10^{-2}.I + 0,49239$ (**5.8**)

Avec: t : température moyenne du mois considéré.

L'indice thermique mensuel (i) est donné par : $i = (\dfrac{t}{5})^{1,514}$.   (**5.9**)

Cette formule n'est valable que pour les mois de 30 jours et une durée de 12 heures par jour pendant toute l'année. Ce qui est assez rare. C'est pourquoi, il a été introduit un facteur correctif qui est fonction de la latitude du mois. D'où :

$$ETP = 1,6(\dfrac{10t}{I})^a \times f$$ (**5.10**)

f étant le facteur correctif.

La RFU est la quantité d'eau qui peut être stockée temporairement dans le sol à une profondeur suffisamment faible pour pouvoir être reprise par l'évapotranspiration. Cette grandeur est extrêmement difficile à déterminer dans la pratique. On considère qu'elle se situe généralement entre 50 et 100 mm d'eau. Dans le cadre de cette étude, la valeur de ce paramètre a été fixée à 100 mm. La réserve initiale du premier mois de calcul a également été fixée à 100 mm et le mois de juillet (fin de la saison des pluies) est pris comme point de départ des calculs.

Pour les différents calculs, le programme EVC (Evaluation des Variabilités Climatiques) (Coulibaly, 1997) a été utilisé. Les données d'entrée du programme ont été les températures et les pluviométries moyennes mensuelles de la période 1990-2000 collectées à la SODEXAM, et les facteurs correctifs mensuels.

L'infiltration totale a été déterminée pour un coefficient de ruissellement de surface R estimé à 7% de l'excédent de pluie, valeur maximale admise au niveau d'Abidjan (Kouadio, 1997), à partir de l'équation générale du bilan hydrologique :

$$I = (P - ETR) - R \qquad\qquad (5.11)$$

Avec : I : infiltration totale (en mm) ;

P : hauteur de précipitations (en mm) ;

ETR : évapotranspiration réelle (en mm) ;

R : ruissellement de surface (en mm) ;

5.2. Présentation du modèle numérique

Le programme de modélisation MODFLOW, développé en Fortran par l'U.S.G.S (McDonald   et Harbaugh, 1988) est le code utilisé. Ce logiciel a pour qualité première d'être simple, modulaire et d'avoir été rendu fiable par une utilisation mondiale massive. La version que nous utilisons fonctionne sur une interface en Visual Basic : Visual Modflow 3.0 (Waterloo Hydrogeological Inc., 1999).

C'est un modèle à bases physiques, déterministes, capable de représenter les écoulements laminaires monophasiques tridimensionnels dans des systèmes multicouches. Il résout l'équation de diffusivité aux dérivées partielles de l'écoulement des eaux souterraines en milieu poreux (combinaison de la loi de Darcy et de l'équation de continuité) par la méthode des différences finies. Pour ce faire l'aquifère doit être discrétisé en mailles quadrangulaires et des conditions aux limites doivent être imposées (Fetter, 2001; Koffi, 2004). Le nombre et la taille des mailles dépendent de la précision attendue et de la nature des données sources (nombre, distribution, qualité).

La piézométrie calculée au centre de la maille tient compte des paramètres hydrodynamiques (conductivité hydraulique, porosité), des conditions aux limites (potentiel ou flux imposé, possible liaison avec un réseau hydrographique, etc...) et des conditions de recharge (infiltration, évapotranspiration, éventuels pompages).

Le modèle s'articule autour de deux hypothèses fondamentales : les gradients hydrauliques doivent être faibles et la continuité hydraulique de l'aquifère respectée.

5.3. Modèle mathématique d'écoulement

Le modèle mathématique d'écoulement en milieu continu est formalisé par un système d'équations aux dérivées partielles d'espace et de temps, décrivant le mouvement tridimensionnel dans un milieu poreux, se présente sous la forme de l'équation (**3.24**). L'équation de diffusivité est résolue par le programme MODFLOW 2000. Mais la résolution de cette équation nécessite au préalable la discrétisation du milieu et la définition des conditions aux limites.

5.4. Discrétisation du milieu

Afin de reproduire au mieux le fonctionnement hydraulique du système étudié, nous avons considéré que la nappe est libre dans la zone d'Akouédo. Le maillage est effectué sur les 2 couches définies dans le modèle de couches.

La maille élémentaire est un carré de 100 mètres de côté. La surface de chaque maille est donc de 1 ha. Nous considérons donc les caractéristiques hydrodynamiques comme constantes sur chaque maille. Le nombre total de mailles est de 7003, soit une surface totale de 70,03 km^2 (fig. 24).

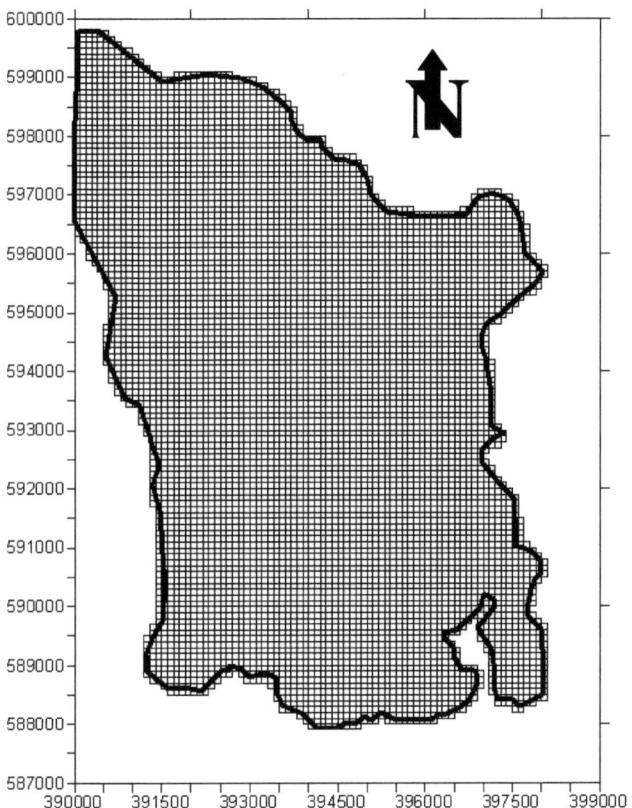

Fig. 24 : Maillage de la zone d'Akouédo

5.5. Discrétisation du temps

Le pas de temps utilisé pour les simulations est mensuel, en
supposant qu'en général la nappe réagit à la recharge au bout d'un mois.

5.6. Définition des conditions aux limites

La figure 25 résume des conditions aux limites de la zone d'étude.

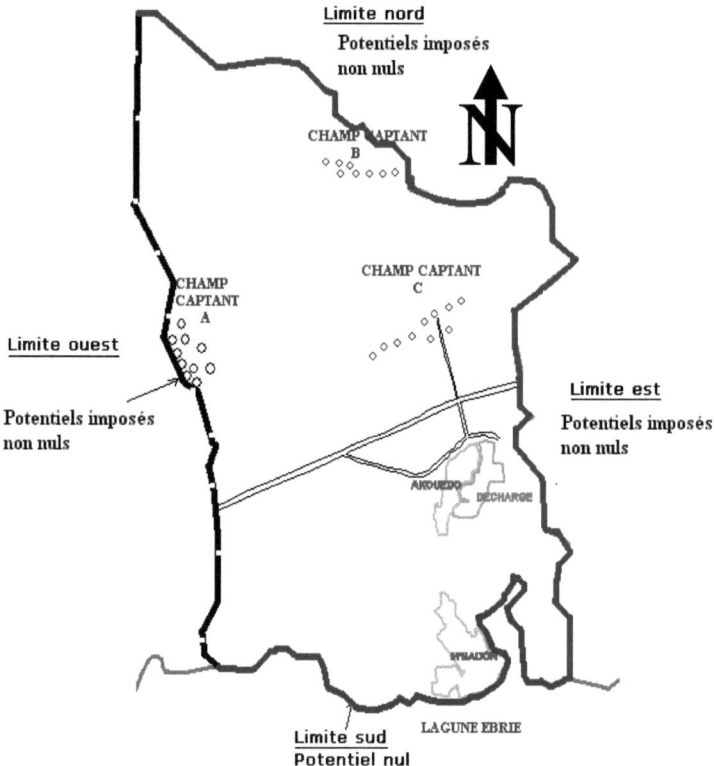

Fig. 25: Conditions aux limites appliquées à la zone d'Akouédo

Sur les cartes topographiques de base au 1/5000ᵉ du CCT/BNETD, la lagune Ebrié est située à l'altitude zéro. Pour cette raison, la lagune a été choisie comme une limite de potentiel imposé nul au Sud de la zone d'étude.

Dans la partie nord, est et ouest du site, la limite de potentiel imposé non nul, a été appliquée pour tenir compte de la charge de la nappe aux différentes latitudes par rapport à la piézométrie mesurée de février 1992 pris comme piézométrie initiale (fig. 26).

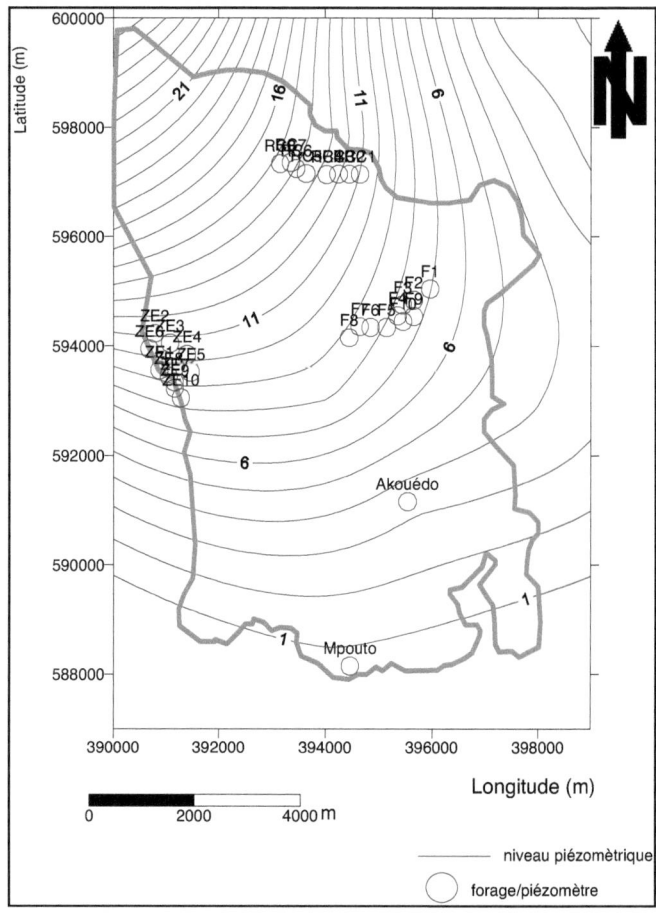

Fig. 26 : Carte piézométrique de février 1992

Après la mise en place du modèle d'écoulement, nous avons procédé à la simulation du transport des polluants dont les étapes sont décrites au chapitre suivant.

6 . MISE EN PLACE DU MODELE DE SIMULATION DU TRANSPORT DES POLLUANTS

Le modèle de transport permet de suivre l'évolution des polluants issus de la décharge d'Akouédo et de rechercher l'impact de ces polluants sur les eaux des zones de proximité.

6.1.Choix des polluants

Les ions NO_3^- ont été choisis dans le cadre de cette étude car ils constituent un polluant redouté par les gestionnaires de la nappe d'Abidjan à cause de ses effets sur la santé humaine et parce que des indices de pollution par des nitrates sont souvent signalés au niveau de certains champs captants.

La principale difficulté dans la modélisation du transport du nitrate réside dans la complexité des processus biologiques impliquant la transformation de l'azote dans la zone non saturée (Willigen, 1991). Mais Billaudot (1988), a montré que les ions NO_3^- sont assez stables et représentent la forme azotée qui parvient presqu'uniquement aux nappes souterraines.

Pour cette raison, le nitrate (NO_3^-) est considéré dans cette étude comme un élément stable; c'est à dire qu'il ne réagit pas avec la matrice sédimentaire. Il est très soluble dans l'eau et migre presqu'à la même vitesse que celle-ci.

Cette hypothèse nous permet de suivre facilement l'impact du pompage des eaux au niveau des champs captants sur la migration des polluants de la décharge.

La concentration initiale de NO_3^- utilisée dans le modèle en tenant compte de la concentration maximale obtenue au niveau des lixiviats au niveau de la décharge, est estimée à 250 mg/L. Le temps de simulation utilisé est de 40 ans.

6.2. Présentation du modèle numérique utilisé

Nous avons utilisé le programme de modélisation MT3D (Modèle de Transport tridimensionnel), développé en Fortran par l'U.S.G.S (McDonald et Harbaugh, 1998). Ce modèle est destiné à la résolution des équations d'advection – dispersion incluant des réactions chimiques dans les systèmes hydrologiques.

MT3D se superpose aisément sur un modèle d'écoulement utilisant la méthode des différences finies comme MODFLOW et il est basé sur l'hypothèse que les changements de concentrations mesurées n'affectent pas le modèle d'écoulement (Zheng, 1990).

L'équation aux dérivées partielles décrivant le modèle tridimensionnel du transport des polluants est décrite par l'équation

$$\boxed{\text{div}(\overline{\overline{D}}\text{grad}\vec{C}) - \text{div}(\vec{V}C) = n_c\frac{\partial C}{\partial t} + q_sC_s}$$ (6.1)

Avec :

- $\vec{V}$: la vitesse de Darcy de l'écoulement,

- n_c : la porosité cinématique du milieu poreux, définie comme le rapport entre le volume de la fraction mobile et le volume total du VER,

- $\overline{\overline{D}}$: le tenseur de dispersion ;

- C : la concentration volumique dans la fraction mobile.

- q_s : le débit d'eau par unité de volume de l'aquifère représentant le terme source (prélèvement ou injection)(T^{-1}) ;

- C_s : la concentration du soluté de la source de pollution

Le mouvement convectif étant plus important, la diffusion moléculaire est négligée par rapport à la dispersion cinématique. De ce fait, la dispersion hydrodynamique se réduit à la dispersion cinématique (équation (3.34)):

Selon Lallemand-Barrès et Peaudecerf (1978), Marsily (1986), il existe une relation entre la distance parcourue L par le polluant et la dispersivité longitudinale α_L :

$\alpha_L = 0,1\times L$, L est exprimée en mètre   (6.2)

D'autre part, on considère en général que la dispersivité transversale suivant l'axe Oy (α_{TH}) vaut le $1/10^e$ de α_L et que la dispersivité horizontale suivant l'axe Oz (α_{TV}) est de l'ordre de 1/100 (Lemière *et al.*, 2001).

Dans notre étude, nous avons supposé qu'une pollution potentielle sur des distances plus grandes aurait parcouru la distance décharge-lagune de 2100m. Ce qui permet de calculer les valeurs suivantes de dispersivité : α_L = 210 m, α_{TH} = 21 m et α_{TV} = 2,1 m.

6.3. Conditions aux limites

Les conditions aux limites considérées sont des conditions de Dirichlet, qui imposent des niveaux de concentration aux limites du domaine. Nous considérons que sur les différentes limites les concentrations sont nulles car il n'existe pas de sources de pollution au niveau de ces limites.

6.4. Conditions initiales

La concentration initiale considérée dans le modèle est celle appliquée à la décharge. Ainsi, $C(x,y,z,t) = C°(x,y,z) = 250$ mg/L à $t=0$. En dehors de la décharge, les concentrations sont nulles sur le reste du domaine d'étude. Ce qui se traduit par $C(x,y,z,t) = 0$. Le temps utilisé pour les simulations est de 40 ans à partir de février 1992.

Conclusion partielle

La caractérisation des lixiviats et du sol de la décharge ainsi que des eaux de forages, a été réalisée par des méthodes physico-chimiques et statistiques.

Pour la mise en place du modèle d'écoulement des eaux, un modèle conceptuel consistant à définir un modèle de couche, déterminer les paramètres hydrodynamiques du site et calculer la recharge de la nappe, a été conçu. Ensuite, un modèle numérique, dont les principales étapes sont la discrétisation de la zone d'étude et la définition des conditions aux limites et initiales, a été appliqué.

Après la mise en place du modèle d'écoulement, nous avons procédé à la simulation du transport des polluants en utilisant comme indicateur de pollution les ions NO_3^-.

TROISIEME PARTIE :

RESULTATS ET DISCUSSIONS

7. CARACTERISATION PHYSICO-CHIMIQUE DES LIXIVIATS, DES SOLS ET DES EAUX DE FORAGES

7.1. Caractérisation physico-chimique des lixiviats

7.1.1. Résultats

Les résultats présentés dans cette partie concernent la qualité et l'évolution saisonnière des paramètres physico-chimiques des lixiviats de la décharge d'Akouédo.

7.1.1.1. Qualité physico-chimique des lixiviats

Le tableau X présente les caractéristiques physico-chimiques des lixiviats de la décharge Akouédo.

L'analyse de ce tableau montre que les lixiviats ont des teneurs en oxygène dissous comprises entre 0,10 à 0,33 mg/L et des potentiels d'oxydo-réduction négatifs.

Les valeurs de DCO et DBO_5 présentent des valeurs qui se situent respectivement entre 956,89 et 2189,3 mg-O_2/L, et entre 382,76 et 1150 mg-O_2/L. Le rapport DBO_5/DCO indiquant l'âge des lixiviats varie de 0,40 à 0,52.

Les salinités obtenues dans les lixiviats évoluent entre 0,3‰ et 44,9‰. Quant à la conductivité, les valeurs sont comprises entre 375 µS/cm et 7770 µS/cm.

Les paramètres tels que MES (187-1800 mg/L), NO_2^- (0,03-8 mg/L), NO_3^- (40-242 mg/L), SO_4^{2-} (35-320 mg/L), Cl^- (34,02-580 mg/L), NTK (153,52-505 mg/L), PO_4^{3-} (11-86 mg/L) et Na^+ (34,67-292 mg/L)sont fortement représentés dans les lixiviats par rapport aux normes des eaux de boisson. En revanche, le calcium (34-54,12 mg/L) et le magnésium (27,06-54 mg/L) y ont de faibles teneurs. Aussi, les écarts-types élevés indiquent-ils une grande variation des concentrations des différents paramètres dans les lixiviats au cours des saisons.

Tableau X: Caractéristiques physico-chimiques des lixiviats

Paramètres	Moyenne	Min	Max	Ecart-type	Norme OMS (1993) des eaux de boisson
pH	7,94	7,81	8,11	0,13	6,5 - 8
T°(°C)	36,05	33,70	39,50	2,82	25
Conductivité (µS/cm)	3261,25	375,00	7770,00	3204,16	250
Salinité (‰)	13,10	0,30	44,90	21,26	35
Eh (mV)	-63,25	-68,00	-57,00	4,65	-
O_2 (mg/L)	0,24	0,10	0,33	0,10	5
MES (mg/L)	942,83	187,33	1800,00	661,01	50
NO_3^-(mg/L)	114,35	40,00	242,40	90,87	50
NO_2^-(mg/L)	2,42	0,03	8,00	3,79	0,50
SO_4^{2-}(mg/L)	260,98	35,00	320,20	173,17	250
Cl^-(mg/L)	279,68	34,02	580,20	282,69	250
PO_4^{3-}(mg/L)	43,86	11,00	86,40	35,68	5
NTK (mg/L)	258,13	153,52	505,00	165,46	50
Na^+ (mg/L)	139,62	34,67	292,00	112,49	150
Ca^{2+}(mg/L)	40,28	34,60	54,12	9,35	75
Mg^{2+}(mg/L)	43,74	27,06	54,00	12,96	50
DCO (mg/L)	1837,33	956,89	2189,30	564,38	500
DBO_5 (mg/L)	853,44	382,76	1150,00	353,80	150
DBO_5/DCO	0,45	0,4	0,52	-	-

7.1.1.2. Evolution saisonnière des paramètres physico-chimiques des lixiviats

L'évolution saisonnière des paramètres physico-chimiques des lixiviats sur une échelle semi-logarithmique est représentée sur la figure 27.

Le pH, la température, les ions Ca^{2+} et Mg^{2+}, ont des valeurs relativement constantes sur toutes les saisons. L'ion NO_2^- et l'oxygène, faiblement représentés dans les lixiviats, diminuent de teneurs de la grande saison sèche (février) à la petite saison des pluies (octobre). Les ions PO_4^{3-} et Na^+ ont en revanche des concentrations qui augmentent de façon continue de la grande saison sèche à la petite saison des pluies. Les paramètres DBO_5, DCO, conductivité et NTK fluctuent en fonction des saisons. En effet, ces paramètres présentent des valeurs relativement plus élevées pendant les saisons sèches (février et août) que pendant les saisons des pluies (juin et octobre). Le dernier groupe de paramètres est composé de Cl^-, SO_4^{2-} et NO_3^-. Ceux-ci présentent de faibles concentrations pendant la grande saison des pluies, tandis que les concentrations sont plus élevées pendant les petites saisons sèche et pluvieuse.

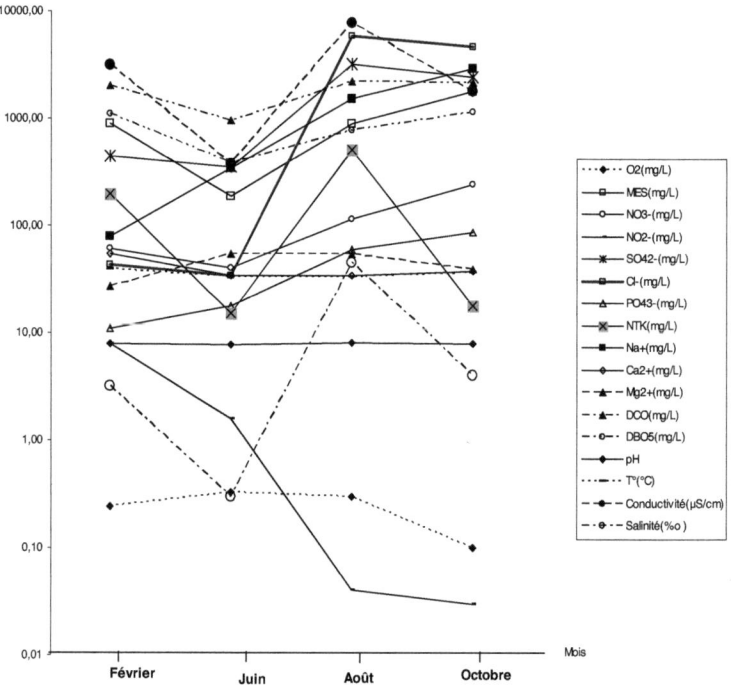

Fig. 27: Evolution saisonnière des caractéristiques physico-chimiques des lixiviats de la décharge (échelle semi -logarithmique)

7.1.2.   Discussion

Les lixiviats de la décharge d'Akouédo présentent pour la plupart des paramètres étudiés des valeurs élevées comparativement à celles recommandées pour les eaux de boisson. Ces concentrations enregistrées traduisent selon Mikac *et al.* (1998), un potentiel élevé de contamination des eaux souterraines.

Au niveau de la charge polluante totale exprimée par la DCO, les valeurs obtenues sont comparables à celles rapportées par Kouadio *et al.* (2000) sur la même décharge, Mikac *et al.* (1998) sur la décharge de Jakusevec en Croatie, El Khamlichi (1997) à Rabbat, Christensen *et al.* (1994) et Lee et Lee (1993) qui ont évalué les caractéristiques moyennes des décharges publiques respectivement en Europe et aux Etats-Unis. Elles sont en revanche inférieures aux données de Hakkou *et al.* (2001) à Marrakech (annexe 4). Cette différence pourrait être liée à la nature, la quantité et l'âge des déchets ainsi que divers facteurs climatiques (pluviométrie, humidité de l'air, température). En effet, selon Christensen *et al.* (2001), ces différents facteurs sont à la base de la variabilité de charges polluantes.

Les faibles variations du pH et de la température indiquent que les conditions physiques du milieu sont maintenues constantes au cours des saisons ; ce qui serait favorable au maintien de colonies de microorganismes « mésophiles » qui se développent à une température comprise entre 20°C et 40°C. Ainsi, la diminution progressive de la teneur en oxygène dissous de la grande saison sèche à la petite saison des pluies est l'illustration de sa forte sollicitation pour la dégradation de la matière organique et l'oxydation des minéraux. Cette forte sollicitation est plus importante pendant la petite saison des pluies, probablement à cause de l'humidification des déchets constituant une condition favorable pour l'activité microbienne. Cela se traduit par une valeur plus élevée de DBO_5 et une baisse d'oxygène dissous.

Les fluctuations saisonnières de la demande chimique en oxygène (DCO), de la demande biochimique en oxygène (DBO_5), de la conductivité et de l'azote total kjeldhal (NTK) s'expliquerait par un phénomène de dilution. En effet, pendant les saisons des pluies, les lixiviats reçoivent une importante quantité d'eau qui diluerait de façon considérable la charge polluante. Il s'ensuit alors une diminution des concentrations des paramètres (DCO, DBO_5 et NTK). Ce phénomène de dilution entraîne ainsi une baisse de la conductivité.

Les rapports DBO_5/DCO renseignent sur la biodégradabilité et l'âge relatif des lixiviats produits par la décharge. Ainsi, selon Courant et Aimar (1996), Millot (1986), Christensen *et al.* (1994), le rapport DBO_5/DCO se situe autour de 0,5 pour les lixiviats jeunes et diminue jusqu'à s'annuler pour les lixiviats stabilisés. Les déchets à dominance organique sont caractérisés par des rapports DBO_5/DCO qui varient de 0,4 à 0,8. Les rapports obtenus (0,4 à 0,52) indiquent donc que les lixiviats de la décharge d'Akouédo sont riches en matière organique. La confirmation est donnée par Haupt *et al.* (1996) cité par Kouadio *et al.* (2000) qui ont rapporté que ces déchets d'Akouédo sont constitués à plus de 60% d'ordures ménagères. Cette forte charge organique serait à l'origine des faibles teneurs en oxygène dissous et les problèmes d'odeurs au niveau de la décharge comme l'ont décrit Lee et Lee (1993).

Aussi, les rapports DBO_5/DCO indiquent-ils que les lixiviats se situent dans un état intermédiaire entre les lixiviats jeunes et stabilisés, caractérisé par une phase instable de fermentation méthanique ; ce qui favorise le phénomène d'anaérobiose et maintient la décharge d'après Ahel *et al.* (1998), dans une phase de dégradation active. A ce stade de décomposition des déchets, Millot (1986) a montré que le potentiel d'oxydoréduction est faible et que le pH devient de plus en plus élevé comme le montrent nos résultats.

Les principaux sels rencontrés sont Cl^-, SO_4^{2-} et Na^+. Cette fraction minérale provient de la décomposition de la matière organique et du lessivage des sels contenus dans les déchets. Les faibles teneurs d'oxygène dissous dans les lixiviats et les faibles valeurs de potentiel d'oxydo-réduction justifient les concentrations des formes oxydées de l'azote (NO_2^-, NO_3^-) et du phosphore (PO_4^{3-}). Quant aux ions Ca^{2+} et Mg^{2+}, leur faible représentation pourrait être liée à la pauvreté des déchets en ces éléments.

Conclusion partielle

Les lixiviats de la décharge d'Akouédo se caractérisent par :

- des pH élevés (pH>7) montrant que le milieu est basique;

- des faibles teneurs en oxygène dissous ;

- une charge polluante élevée avec des concentrations moyennes en DCO et DBO_5 respectives de 2189, 3 et 1150 mg-O_2/L ;

- une phase de dégradation active avec un rapport DBO_5/DCO variant de 0,45 et 0,52 ;

- une forte conductivité qui varie entre 3240 et 7770 µS/cm ;

- des teneurs des polluants des eaux (MES, NO_3^-, SO_4^{2-}, Cl^-, NTK et Na^+) dépassant fortement les normes de potabilité des eaux de consommation ;

Les lixiviats de la décharge d'Akouédo, comparés à ceux d'autres décharges dans le monde présentent un potentiel élevé de contamination des eaux souterraines. Cependant, certains polluants comme les métaux lourds qui sont susceptibles de pouvoir contaminer la nappe se retrouvent plus dans les sols que dans les lixiviats de la décharge. Pour cette raison, leur caractérisation devient nécessaire.

7.2. Caractérisation des paramètres physico-chimiques des sols de la décharge

7.2.1. Résultats

Les résultats présentés dans cette partie concernent l'évolution quantitative des paramètres dans les sols, l'influence des couches de sol sur ces paramètres et la relation qui existe entre les différents paramètres dans les sols.

7.2.1.1. Evolution quantitative des paramètres dans le sol

L'évolution des concentrations des différents paramètres physico-chimiques de sol analysés (NTK, carbone organique, zinc, chrome, cadmium, plomb, fer, cuivre, pH) est suivie au niveau des profondeurs échantillonnées.

a- Evolution du NTK

La figure 28 traduit la variation de l'Azote Total Kjeldhal (NTK) en fonction de la profondeur d'échantillonnage.

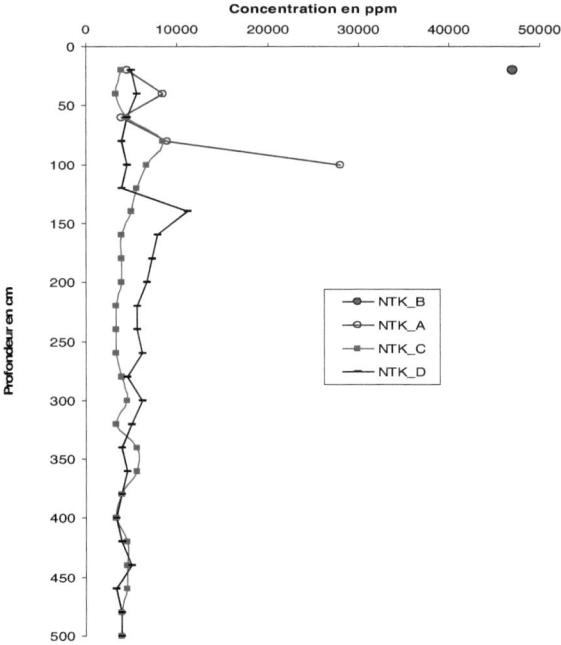

Fig. 28 : Evolution du NTK en fonction de la profondeur du sol

L'azote total Kjeldhal (NTK) a une teneur voisine de 50 000 ppm sur le profil B et une concentration maximale de 30 000 ppm sur le profil A. Sur les profils C et D, le NTK diminue globalement de concentration avec la profondeur. Les concentrations moyennes enregistrées sur ces deux profils sont autour de 5000 ppm.

Les valeurs maximales pour les deux profils sont enregistrées à 60 cm pour le profil C et à 140 cm pour le profil D. Les valeurs de NTK des profils A et B, sont plus importantes que celles des profils C et D. Cependant, les concentrations du profil D sont plus élevées que celles du profil C aux profondeurs inférieures à 50 cm, alors que pour les profondeurs comprises entre 60 et 140 cm, les teneurs de NTK du profil D sont inférieures à celles du profil C. Au-delà de 360 cm, les teneurs de NTK des deux profils sont pratiquement confondues.

b- Evolution du carbone organique (C_{org})

La figure 29, permet de suivre l'évolution du carbone organique (C_{org}) des différents profils.

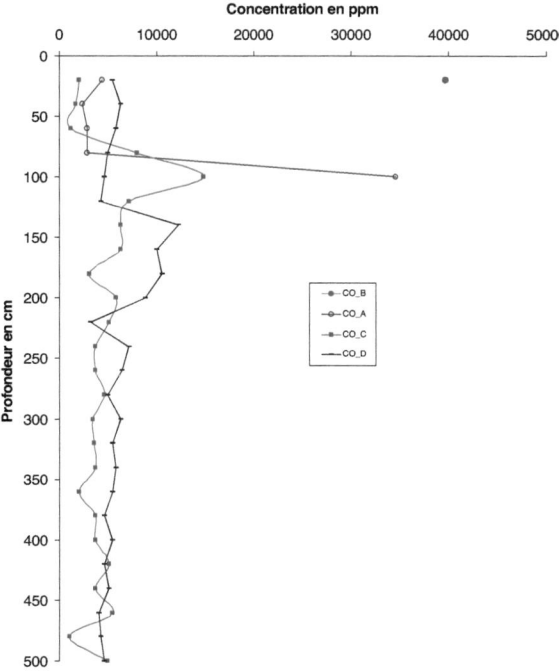

Fig. 29 : Evolution du carbone organique en fonction de la profondeur du sol

Aux profondeurs inférieures à 80 cm, les teneurs en C_{org} des profils A, C et D sont moins importantes (< 1000 ppm) par rapport à celles du profil B qui atteint 40 000 ppm. Entre 100 et 200 cm, on enregistre les valeurs maximales pour les profils A, C et D. Ces concentrations maximales sont de 35 000 ppm, 15 000 ppm et 63 000 ppm respectivement pour les profils A, D et C. Au delà de 200 cm, les concentrations des profils C et D diminuent progressivement avec des teneurs plus élevées pour le profil D.

c- Evolution du zinc

La figure 30 fait état de la variation des concentrations du zinc en fonction de la profondeur de sol.

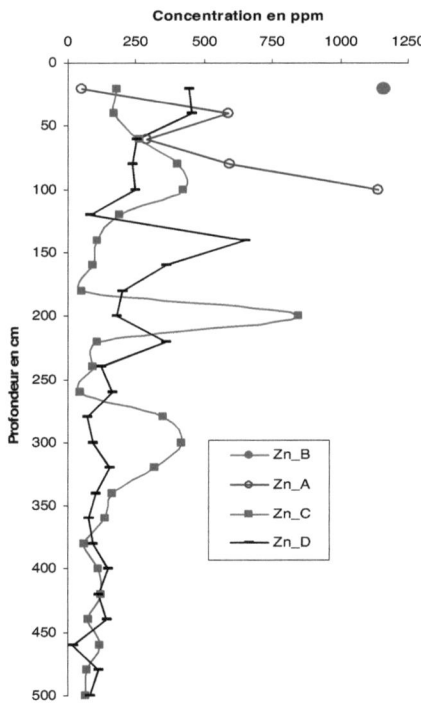

Fig. 30 : Evolution du zinc en fonction de la profondeur du sol

Au niveau des profils (A et B) situés sur la décharge, les

concentrations atteignent 1200 ppm. Pour les profils C et D, les concentrations de zinc diminuent en général avec la profondeur. Mais, cette diminution ne se fait pas de façon linéaire puisqu'on a une accumulation du zinc à des profondeurs données où des pics de concentrations sont enregistrés. Pour le profil C, ces pics se situent à 100, 200 et 300 cm de profondeur alors que pour le profil D, des concentrations maximales sont obtenues en surface entre 20 et 40 cm, et à 150cm profondeur.

d- Evolution du chrome

Les concentrations du chrome (Cr) augmentent généralement avec la profondeur (Fig. 31). Elles varient globalement de 25 à 75 ppm pour le profil C et de 50 à 125 ppm pour les profils A, B et D. On constate également une accumulation de chrome à des profondeurs spécifiques faisant ressortir des pics de concentration.

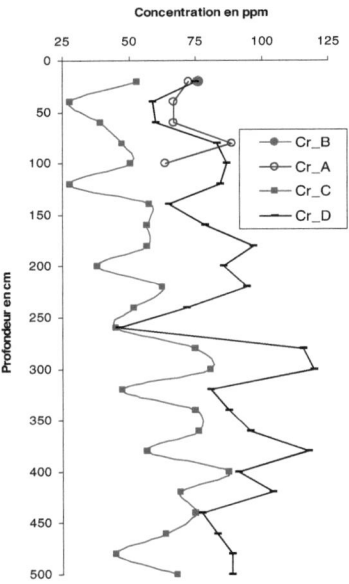

Fig. 31: Evolution du chrome en fonction de la profondeur du sol

e- Evolution du cadmium

L'évolution des teneurs de cadmium en fonction de la profondeur échantillonnée est présentée sur la figure 32.

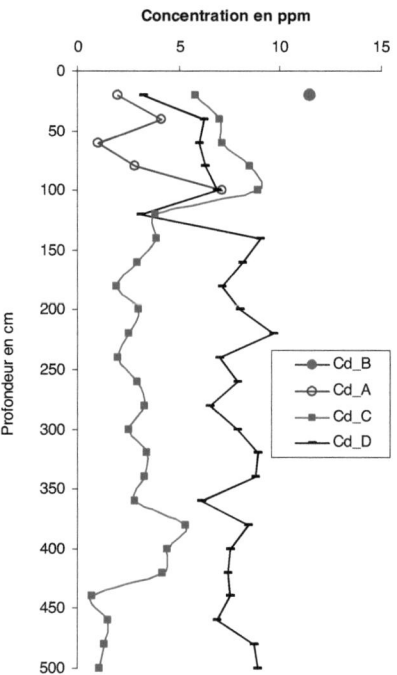

Fig. 32: Evolution du cadmium en fonction de la profondeur du sol

Au niveau des couches superficielles (profondeur < 120 cm), les concentrations de cadmium du profil B sont plus importantes (12 ppm) par rapport à celles des autres profils (A, C et D). Les concentrations au niveau de ces profils restent globalement comprises entre 0 et 10 ppm. Au-delà de

120cm, les concentrations de cadmium sont situées entre 0 et 5 ppm pour le profil C et entre 5 et 10 ppm pour le profil D. En aval de la décharge, les concentrations de cadmium du profil C diminuent en général avec la profondeur alors que celles du profil D augmentent lentement avec la profondeur.

f- Evolution du Plomb

L'évolution des concentrations du plomb en fonction de la profondeur de sol est représentée sur la figure 33.

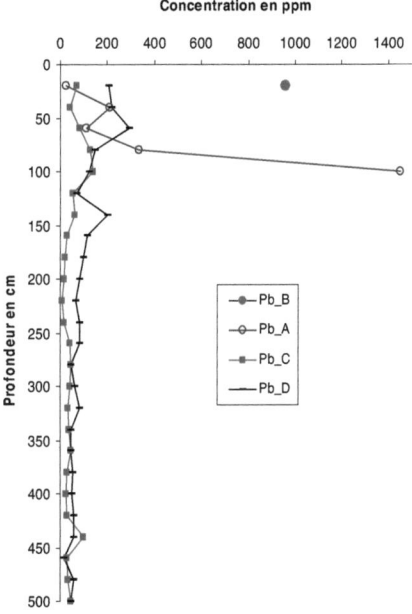

Fig. 33: Evolution du plomb en fonction de la profondeur du sol

Au niveau de la décharge, les concentrations de plomb sont plus élevées et atteignent respectivement 1400 ppm (profil A) et 958 ppm (profil B). En revanche, de faibles teneurs de plomb sont enregistrées au niveau des profils situés en aval, avec des valeurs maximales respectives de 140,5 ppm (profil C) et 293,6 ppm (profil D). On note toutefois une diminution générale des concentrations de plomb avec la profondeur.

g- Evolution du fer

La figure 34 donne l'évolution des teneurs du fer en fonction de la profondeur de sol.

Pour des profondeurs inférieures à 180 cm, on enregistre une forte variation des concentrations au niveau de la décharge et en aval de la décharge. Les concentrations maximales obtenues sont de 6900 ppm, 10750 ppm, 2966 ppm et 1783 ppm respectivement pour les profils B, A, C et D.

Au delà de 180 cm, les concentrations varient peu. Toutefois, les échantillons du profil D plus proche de la décharge, ont des teneurs plus élevées que ceux du profil C situé beaucoup plus en aval.

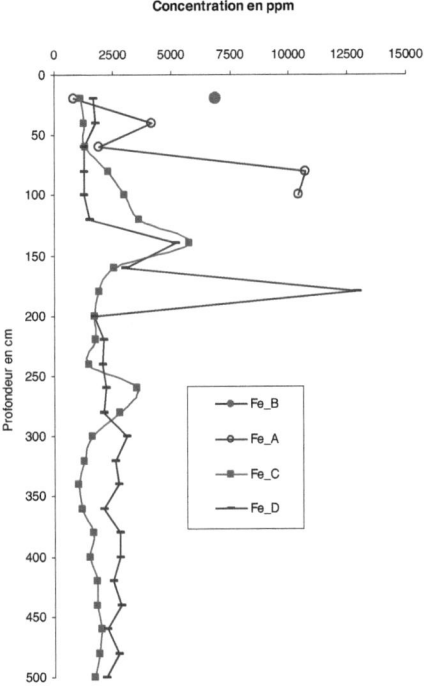

Fig. 34: Evolution du fer en fonction de la profondeur du sol

h- Evolution du cuivre

Concernant le cuivre (Cu), les concentrations sont élevées au niveau de la décharge (profils A et B) avec des concentrations maximales respectives de 351,4 ppm et 369,7 ppm (fig. 35). En aval de la décharge, les concentrations restent globalement constantes et varient de 25 à 75 ppm pour le profil C et de 75 à 125 ppm pour le profil D.

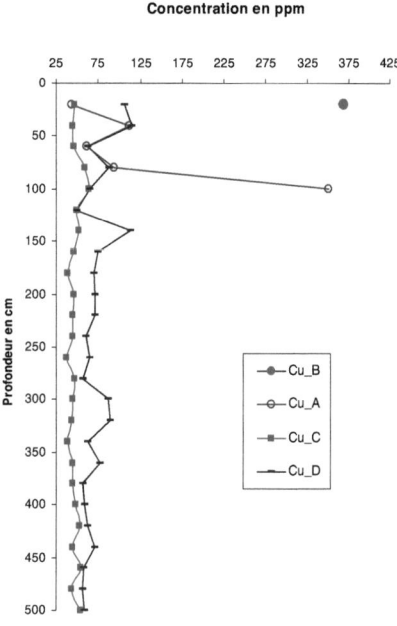

Fig. 35: Evolution du cuivre en fonction de la profondeur du sol

i- Evolution des pH

Les valeurs de pH sont plus élevés (7< pH <10) dans les couches superficielles situées à moins de 150 cm de profondeur (fig. 36). A partir de

150 cm de profondeur les valeurs de pH chutent pour se situer entre 6 et 8. Aussi, faut-il remarquer que les pH_{KCl} sont toujours inférieurs aux pH_e sur tous les profils de prélèvement. Les écarts moyens calculés entre les pHe et les pH_{KCl} sont de 0,56 ; 0,5 ; 1,1 et 0,72 respectivement pour les profils A, B, C et D.

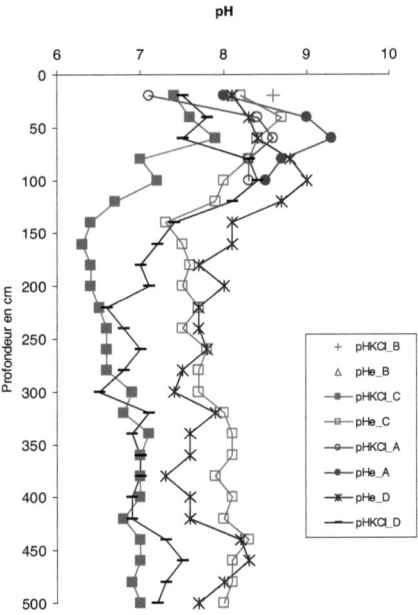

Fig. 36: Evolution du pH en fonction de la profondeur du sol

La distribution des métaux lourds étudiés dans le sol ne se fait pas de manière homogène sur toute la profondeur. Elle semble subir l'influence de la nature des couches traversées et aussi du pH du milieu. L'étude de l'influence des couches de sol et la relation entre les paramètres physico-chimiques dans le sol pourraient permettre de mieux comprendre le comportement des métaux.

7.2.1.2. Influence des couches de sol sur le comportement des paramètres chimiques

Pour apprécier l'interaction entre les paramètres chimiques et le sol de la décharge, les analyses ont été portées sur les horizons du sol à différentes profondeurs. Les figures 37, 38 et 39 représentent respectivement les profils de sol aux points A, C et D associés à l'évolution des paramètres chimiques en fonction de la profondeur. Rappelons qu'au niveau du profil B, nous n'avons pas de tracé, car un seul échantillon a été prélevé.

La figure 37 permet de distinguer une seule structure du sol au niveau du profil A. Cette structure est constituée de sables argileux sur toute la profondeur échantillonnée. Les métaux lourds (Cu, Pb, Cd, Zn et Fe) s'accumulent à 40 cm et à partir de 80 cm de profondeur. A 40 cm, seule la matière organique azotée (NTK) est concentrée (8400 ppm). Mais, dans les profondeurs comprises entre 60 cm et 100cm, le NTK et le C_{org} ont atteint leurs valeurs maximales (28000 ppm et 34 000 ppm respectivement). Quant au Chrome (Cr), il s'accumule seulement à 80 cm, avec des teneurs en NTK et C_{org} respectivement de 8960 ppm et 2886,8 ppm. On constate en général que les concentrations de Cu, Pb, Cd, Zn et Fe évoluent de façon similaire avec la matière organique.

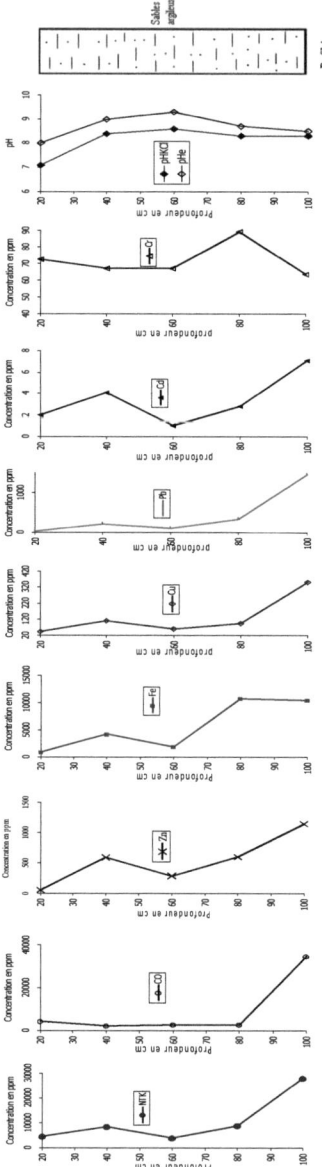

Fig. 37 : Evolution des teneurs des paramètres chimiques en fonction du profil A.

Le profil C est constitué du haut vers le bas de sables fins entre 0 et
80 cm, d'argile sableuse entre 80 et 260 cm, de sable fin noir de 260 à 320
cm, de sable fin entre 320 cm et 380 cm et d'argile sableuse entre 380 et
500 cm de profondeur (fig. 38). La matière organique est abondante (NTK
et le C_{org}) aux profondeurs situées entre 80 et 160 cm et, entre 260 et 360
cm. Les différents métaux (Cu, Pb, Cd, Zn et Fe) présentent des
concentrations maximales dans ces horizons riches en matière organique.
Aussi, ces métaux s'accumulent-ils dans les sables fins noirs et même sur
les argiles sableuses entre 360 et 400cm. Pour le Chrome (Cr), on constate
qu'il a un effet cumulatif de la surface vers les profondeurs maximales.

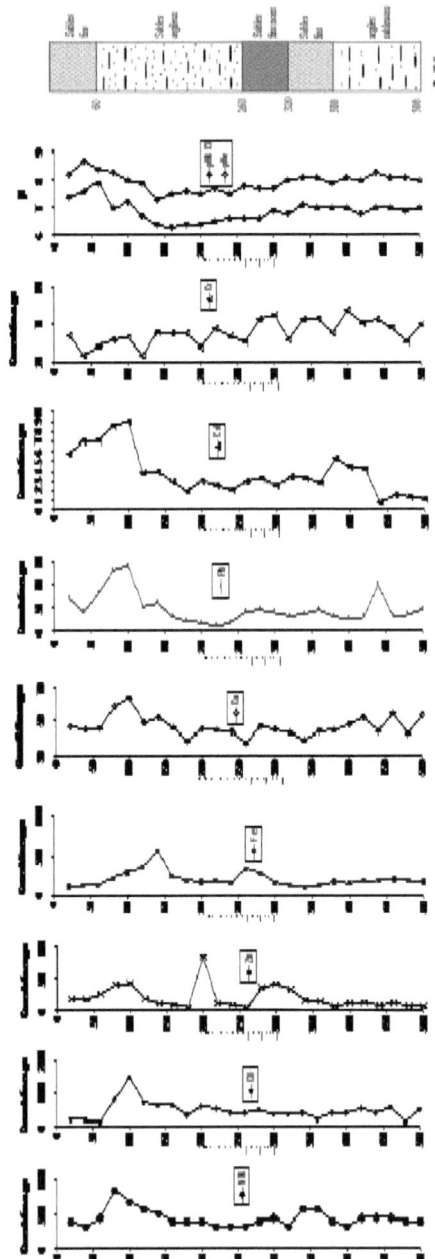

Fig.38 : Evolution des teneurs des paramètres chimiques en fonction du profil C.

Sur la figure 39 correspondant à l'évolution des paramètres au niveau du profil D, les concentrations de NTK et de C_{org} sont plus élevées au niveau des sables argileux situés entre 120 et 280 cm. A ces profondeurs où la matière organique est abondante, le Cu, le Pb, le Zn et le Fe ont des concentrations maximales. A partir de 300 cm, ces mêmes métaux s'accumulent dans l'argile sableuse située entre 320 et 360 cm de profondeur. Le Chrome s'accumule également sur l'argile sableuse à 360 cm.

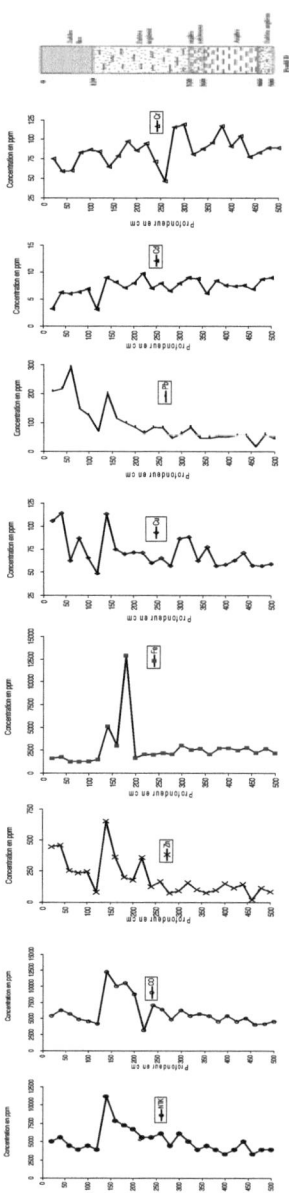

Fig. 39 : Evolution des teneurs des paramètres chimiques en fonction du profil D.

7.2.1.3. Relations entre les paramètres chimiques dans le sol

L'analyse en composantes principales normées (ACPN) appliquée à 56 échantillons prélevés dans les sols de la décharge a permis de faire ressortir une matrice de corrélation entre les paramètres analysés, les cercles de communautés suivant l'importance des axes factoriels et les graphes des unités statistiques. Les trois premiers facteurs F1 (46%), F2 (17,12%) et F3 (10,65%) ont été retenus, car ils expriment plus de 70% de la variance et sont suffisants pour l'interprétation des résultats.

7.2.1.3.1. Analyse du plan factoriel F1-F2

L'analyse du cercle de communauté (fig. 40), permet de dégager deux principaux groupes de paramètres. Le premier groupe (G1) est constitué de Zn, Pb, NTK, Cu, C_{org}, Fe et pH_{KCl}. Le deuxième groupe (G2) est lui formé des paramètres Cr et PS (profondeur du sol).

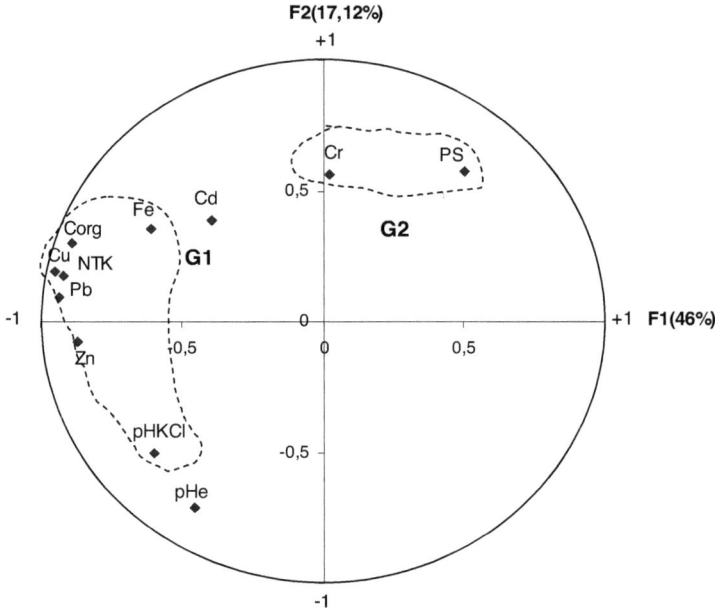

Fig. 40: Cercle de communauté du plan factoriel F1-F2

Le regroupement des deux communautés de paramètres se fait dans la partie négative de l'axe du facteur F1 et la partie positive de l'axe F2 pour le premier (G1), alors que celui du deuxième groupe (G2) se fait dans la partie positive de l'axe du facteur F1 et la partie positive de l'axe du facteur F2.

Analyse du premier groupe de paramètres : G1 (Zn, Pb, NTK, Cu, C$_{org}$, Fe et pH$_{KCl}$)

L'analyse de la matrice de corrélation (Tableau XII), permet de noter de fortes corrélations entre les paramètres Zn et Cu (0,79), Zn et Pb (0,78),

Zn et C_{org} (0,73), Zn et NTK (0,76), Pb et NTK (0,85), Pb et Cu (0,94), NTK et C_{org} (0,93), Cu et C_{org} 0,92), Fe et C_{org} (0,55) et, Fe et NTK (0,52). Les corrélations sont positives et significatives entre le pH_{KCl} et Pb (0,5), Zn (0,44) et Cu (0,46).

Tableau XI : Matrice de corrélation de l'ACPN

Variables										
PS	1									
pHe	-0,44	1								
pH_{KCl}	-0,45	0,89	1							
Cu	-0,31	0,30	0,46	1						
Fe	-0,21	0,05	0,22	0,55	1					
Zn	-0,49	0,34	0,44	0,79	0,49	1				
Pb	-0,36	0,35	0,50	0,94	0,58	0,78	1			
Cd	-0,07	-0,06	0,16	0,39	0,20	0,24	0,27	1		
Cr	0,33	-0,19	0,05	0,08	0,15	-0,16	-0,02	0,32	1	
CO	-0,27	0,12	0,26	0,92	0,55	0,73	0,87	0,42	0,01	1
NTK	-0,31	0,26	0,36	0,94	0,52	0,76	0,85	0,37	0,01	0,93	1
Variables	PS	pHe	pH_{KCl}	Cu	Fe	Zn	Pb	Cd	Cr	CO	NTK

Analyse du deuxième groupe de paramètres : G2 (Cr, PS)

Au niveau du deuxième groupe, Cr et PS ont une corrélation de 0,33. Cette valeur est significative vu que ces deux paramètres sont très faiblement corrélés avec les autres.

7.2.1.3.2. Analyse du plan factoriel F1-F3

Le cercle de communauté du plan factoriel F1-F3 (fig. 41) permet de faire ressortir un groupe de paramètres (G3).

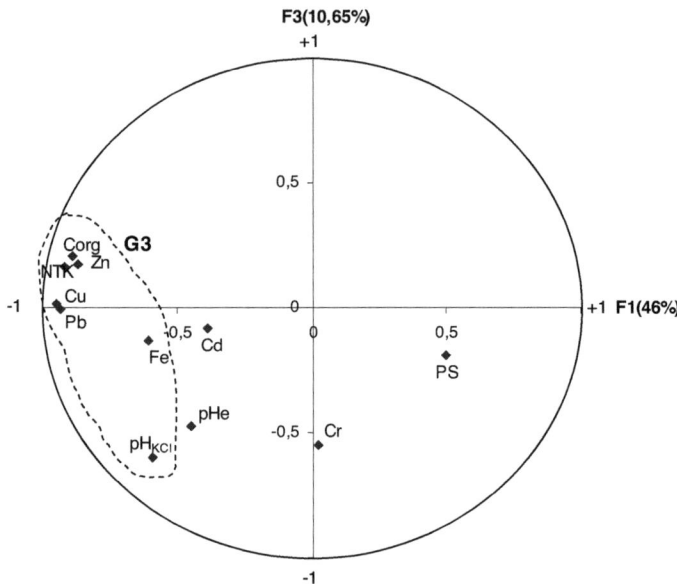

Fig. 41: Cercle de communauté du plan factoriel F1-F3

Ce regroupement (G3) est formé des paramètres C_{org}, Zn, NTK, Cu, Fe, Pb et pH_{KCl}. Il confirme ainsi le groupe (G1) du plan factoriel F1-F2. Le pHe et le pH_{KCl} sont fortement liés au regard de leur forte corrélation (0,89).

7.2.2. Discussion

Les résultats obtenus au niveau des différents profils de sol montrent que la distribution des concentrations des métaux lourds (Zn, Fe, Cu, Pb, Cr) n'est pas homogène de la surface vers les profondeurs. Leur accumulation semble être fonction de l'abondance de la matière organique, de la texture des couches de sol et du pH de milieu.

L'azote total kjeldhal (NTK) et le carbone organique (C_{org}) représentant respectivement la matière organique azotée et le carbone organique des sols présentent leurs fortes concentrations, d'une part, au niveau des profils A et B, et d'autre part, au niveau des profils D et C entre entre 60 et 250 cm de profondeur. En effet, les résultats des profils A et B indiquent que la décharge reçoit des quantités importantes de déchets riches en matière organique. Cette abondance en matière organique, traduit une forte activité microbiologique favorisant la minéralisation des formes azotées et carbonées. Aussi, les valeurs élevées de ces deux paramètres (NTK et carbone organique) au niveau du profil D par rapport à celles du profil C s'expliquent-ils par la proximité du profil D à la décharge. Ce phénomène pourrait mettre en évidence la possibilité d'une migration latérale des lixiviats vers les profils situés en aval à la faveur de l'inclinaison des couches géologiques vers la lagune Ebrié. Toutefois, cela reste à vérifier sur plusieurs points de prélèvement.

Les résultats de l'ACPN mettent en évidence une interaction entre les métaux lourds et la matière organique. En effet, les fortes concentrations de métaux seraient liées à un mécanisme d'adsorption qui entraîne une rétention de la plupart des métaux (Pb, Cu, Zn, Fe) sur la matière organique (NTK, C_{org}). Ces résultats s'apparentent à ceux obtenus par Citeau (2004) au niveau des sols sous forêt et des sols sous culture. Des auteurs comme Martinelli (1999) et Pichard *et al.* (2002) ont aussi rapporté que les métaux lourds ont toujours tendance à s'accumuler dans les horizons de surface riches en matière organique. En effet, au niveau de la matière organique, la charge des substances humiques est toujours négative ou nulle, d'intensité variable suivant le pH du milieu et provient de la dissociation des groupements fonctionnels (Citeau, 2004). Ce sont donc ces groupements fonctionnels carboxyliques (COOH), phénoliques et/ou alcooliques (OH), carbonyles (C=O) et aminés (NH$_2$) qui sont fortement impliqués dans la complexation des cations métalliques.

Dans les sols de la décharge, on a constaté une accumulation des métaux lourds à 40 cm au niveau du profil A, du chrome entre 280 et 300 cm au niveau du profil D, du plomb et du cadmium respectivement entre 380 et 420 cm et à 420 cm au niveau du profil C. Cette concentration de métaux obtenue à des profondeurs où la matière organique n'est pas toujours abondante peut être attribuée à la texture des couches de sol. En effet, les formations responsables de l'accumulation de métaux sont les sables argileux, les argiles sableuses et les sables fins. Ces couches ayant une granulométrie fine s'opposeraient à la migration des métaux lourds. Selon Citeau (2004), pour les couches argileuses, la charge de surface est composée d'une part des charges permanentes dues à des substitutions isomorphiques dans les feuillets et d'autre part, des charges variables ayant pour origine la présence de groupements hydroxyles en bordure des argiles de type Silanols (-SiOH) et Aluminols (-AlOH). Les charges permanentes confèrent à l'ensemble du feuillet une charge négative et créent des sites d'échange avec les cations en solution. Ainsi, on observe un échange ionique entre les cations métalliques et les sites d'échange permanents. Quant aux sites à charges variables, ils sont capables de réagir de manière spécifique avec les cations métalliques en libérant des protons.

D'après Martinelli (1999), des trois facteurs influençant la mobilité des métaux lourds (taux de matière organique, texture du sol, pH du milieu), la variation du pH est celle qui modifie facilement le comportement des métaux. Au niveau des profils de sol étudiés, les pH sont supérieurs à 6. Ces pH semblent favoriser ce mécanisme d'adsorption des métaux lourds sur la matière organique et les couches argileuses. En effet, selon Pichard *et al.* (2002), un pH supérieur à 5 favorise l'accumulation du plomb. Dans ce cas, le plomb qui existe au degré d'oxydation II, s'incorpore lentement d'après Kabata-Pendias et Pendias (1992) et Pitt *et al.* (994) dans les minéraux d'argile et la matière organique.

L'adsorption du zinc dans le sol peut se faire selon deux mécanismes. Il s'agit des échanges de cations en milieu acide et la chimiosorption sous l'influence de ligands organiques en milieu alcalin (Pichard *et al.*, 2003a). Dans notre cas, le mécanisme qui prévaut serait celui de la chimiosorption, puisque les pH sont alcalins (pH > 6). De tels pH permettent, selon Pichard *et al.* (2003a) une meilleure adsorption du zinc.

Quant au cuivre, à des pH élevés, les études de Adriano (1986) et Baker et Senft (1995) ont montré qu'il se fixe préférentiellement sur les oxydes de fer, de manganèse, les argiles et la matière organique.

Dans les sols, le chrome existe principalement sous forme de chrome III et très peu de chrome VI. Le chrome VI est largement transformé en chrome III dans les sols en milieu anaérobie et de pH faible (Pichard *et al.*, 2003c). Au niveau de la décharge d'Akouédo où les valeurs de pH se situent entre 6 et 10, on pourrait donc dire que le chrome VI est la forme prépondérante. En effet, d'après Lémière *et al.* (2001), le chrome hexavalent est plus hydrosoluble et par ce fait, plus biodisponible. Cela pourrait justifier la forte mobilité relative du chrome dans les sols de la décharge d'Akouédo.

Même si les résultats montrent que les autres métaux Zn, Pb, Cu, Fe, et Cd sont moins mobiles que le chrome (Cr), des études (Dameron et Howe, 1998 ; Pichard *et al.*, 2003a ; Citeau, 2004) ont fait observé que dans des conditions particulières de drainage ou en milieu très acide, tous les métaux étudiés peuvent migrer en profondeur.

En effet, il existe un pH en dessous duquel les métaux sont brusquement relargués. Ce pH est différent selon le métal considéré : pH4 pour le plomb, pH5 pour le cuivre, pH5,5 pour le zinc et pH6 pour le cadmium (Martinelli, 1999). Ainsi, le déversement d'une substance très acide au niveau de la décharge pourrait entraîner une remobilisation des métaux et favoriser leur migration vers les eaux souterraines.

Les métaux lourds sont pour la plupart très dangereux lorsqu'ils contaminent les eaux de boisson. Les teneurs rapportées dans la littérature sont très variées. Au Missouri, Gwenda (2001) dans les sols de la décharge de Fullbright, a obtenu des concentrations qui varient de 32 à 123 ppm pour le Cu, de 8 à 68 ppm pour le Cr ; de 17 à 60 ppm pour le Pb et de 0,2 à 1,5 ppm pou le Cd. Aux Emirats Arabes Unis, Howari (2004) a étudié les sols de la décharge de Al Ain et a obtenu des concentrations moyennes de 0,043 ppm pour le Cd, 19,1 ppm pour le Cr ; 53,3 ppm pour le Cu; 13,7 ppm pour le Pb et 117 ppm pour le Zn. A New Jersey, Torlucci (1982) a rapporté dans les sols de la décharge de Mall des concentrations qui varient de 6 à 1260 ppm pour le Cr ; de 27 à 424 ppm pour le Cu ; de 13,2 à 1008 ppm pour le Zn et de 0,55 à 4,6 ppm pour le Cd. En Australie, Suh *et al.* (2004) ont obtenu des concentrations de plomb situées entre 78 et 167 ppm dans les sols de la décharge de Sydney. On constate ainsi que le sol de la décharge d'Akouédo présente en général, des teneurs en Cu (20-369,7 ppm), Fe (850-12500 ppm), Zn (18,6-1200 ppm), Pb(10,3-1450 ppm), Cd (1-12 ppm) et Cr (27,7 - 125 ppm) plus élevées que celles des différents sites énumérés. Cette différence pourrait s'expliquer par la présence au niveau de la décharge d'Akouédo de déchets riches en métaux lourds. En effet, la présence au niveau de la décharge, de vielles peintures au plomb, de pneumatiques, de piles, de matières plastiques, de caoutchouc, peut être à la base de la forte concentration des métaux lourds dans les sols. Ces métaux constituent ainsi une menace pour les eaux de proximité et en particulier pour la nappe d'Abidjan puisque dans les exemples cités, des traces de métaux ont été observées dans les eaux souterraines de faible profondeur ou dans les rivières.

Conclusion partielle

Nous retenons dans ce chapitre qu'au niveau des sols de la décharge d'Akouédo:

- les concentrations maximales des paramètres étudiés se présentent comme suit : NTK (50 000 ppm), C_{org} (40 000 ppm), Zn (1200 ppm), Cr (125 ppm), Cd (12 ppm), Pb (1450 ppm), Fe (12500 ppm), Cu (369,7ppm) ;

- les pH sont basiques ($7 \leq$ pH ≤ 10) en surface et légèrement acides   ($6 \leq$ pH ≤ 7) en profondeur ;

- la matière organique n'est pas uniformément répartie à travers les couches de sol. Elle est plus importante dans les horizons superficiels et surtout au sein de la décharge, où des quantités importantes de déchets sont déversées et décomposées ;

- le mécanisme géochimique dominant est l'adsorption. Ce mécanisme est favorisé par le pH du milieu qui modifie le comportement des métaux et entraîne la rétention de ceux-ci sur la matière organique et sur les couches argileuses.

- la forme du chrome (CrVI) favorise sa mobilité vers les profondeurs. Il peut de ce fait atteindre plus facilement la nappe.

Dans l'hypothèse que la nappe est libre dans la zone de la décharge d'Akouédo, les métaux lourds qui sont capables de se remettre en solution à des pH très acides (pH<5), peuvent migrer vers les eaux souterraines et entraîner une contamination de celles-ci.

Mais, l'effet d'une pollution de cette nappe ne se fera essentiellement sentir qu'au niveau des forages du champ captant Nord

Riviéra qui est plus proche de la décharge d'Akouédo. C'est pourquoi, l'étude de la qualité des eaux de forages exploités au niveau du champ captant NR, peut permettre de donner un diagnostic de l'impact de la décharge sur les eaux.

7.3. Caractéristiques physico-chimiques des eaux de forages

7.3.1. Résultats

7.3.1.1. Qualité des eaux de forages

Les eaux des forages sont acides et présentent des valeurs de pH variant de 4,2 à 4,91 avec une moyenne de 4,43 (Tableau XII).

Le caractère acide des eaux s'observe sur l'ensemble des forages et pendant toutes les saisons. La minéralisation est faible et se traduit par des valeurs de conductivité comprises entre 7,77 et 88 μS/cm. Les matières en suspension (MES) sont faiblement représentées avec des valeurs qui varient de 0,01 à 0,3 mg/L. Les aquifères sont globalement bien oxygénés (4,13 à 7,01 mg/L d'O_2) et les eaux présentent de ce fait des valeurs de potentiels d'oxydo-réduction positives comprises entre 122 et 169 mV. Les paramètres indicateurs de pollution tels que : PO_4^{3-}, NO_3^-, NO_2^-, SO_4^{2-}, Cl^- et Na^+ respectent tous les normes de potabilité des eaux destinées à la boisson.

Tableau XII : Caractéristiques physico-chimiques des eaux du champ captant Nord Riviera (NR)

Paramètres	MOYENNE	MIN	MAX	ECART TYPE	Norme OMS (1993)
pH	4,43	4,2	4,91	0,21	6,5 - 8
Température (°C)	26,8	26,1	28,1	0,51	25
Conductivité (μS/cm)	37,79	7,77	88	26,57	250
Salinité (‰)	0	0	0	0	35
Eh (mV)	144,77	122	169	10,86	-
O_2 (mg/L)	5,6	4,13	7,04	0,83	5
MES (mg/L)	0,04	0,01	0,3	0,06	50
NO_3^- (mg/L)	5,34	2,4	7,95	1,7	50
NO_2^- (mg/L)	0,02	0,01	0,03	0,01	0,50
SO_4^{2-} (mg/L)	3,73	0,9	12,8	3,04	250
Cl^- (mg/L)	4,42	1,35	8,2	2,16	250
PO_4^{3-} (mg/L)	0,5	0	1,9	0,55	5
NTK (mg/L)	15,02	0,112	57,8	16,85	50
Na^+ (mg/L)	2,18	0,8	5,9	0,86	150
Ca^{2+} (mg/L)	0,58	0,04	2,01	0,54	75
Mg^{2+} (mg/L)	0,34	0,1	1,005	0,25	50

7.3.1.2. Evolution de la qualité des eaux de la zone d'Akouédo de 1994 à 2001

L'évolution des concentrations des paramètres NO_3^-, NO_2^-, SO_4^{2-}, Cl^- et PO_4^{3-} de 1994 à 2001 au niveau du champ captant NR montre que les concentrations de ces polluants ont peu varié dans le temps et se situent dans les mêmes gammes de concentrations que celles mesurées pendant notre étude (Tableau XIII). Par ailleurs, une comparaison des paramètres de pollution du champ captant Nord Riviera avec celles des champs captant ZE et RC, situés plus loin de la décharge d'Akouédo, montre que les concentrations de ces polluants au niveau des trois champs captants se situent dans les mêmes gammes.

Tableau XIII : Caractéristiques physico-chimiques des eaux des forages de la zone d'Akouédo de 1994 à 2001

	1994			1995			1996			1997			1999			2000			2001		
	NR	ZE	RC	NR	ZE	RC	NR	ZE	RC	NR	ZE	RC	NR	ZE	RC	NR	ZE	RC	NR	ZE	RC
pH	4,72			4,37	4,51	4,10	4,50	4,65	4,62	4,60			4,33	4,47	4,51	4,19	4,35	4,41	4,29		
T°	27,11			26,74	25,07	25,27	26,09	26,25	26,40	26,00			21,10	23,58	21,64	25,06	25,53	26,45	25,73		
Cond (μS/cm)	33,0			34,70	34,43	32,37		41,25		36,20			34,19	44,30	35,74	36,88	47,30	46,88	33,20		
Eh (mV)	-	-	-	-	-	-	-	-	-	135,50	-	-	-	-	-	-	-	-	-	-	-
NO_3^- (mg/L)	-	-	-	20,72	21,10	7,69	6,11	7,14	7,03	5,30			2,43	2,95	4,20	3,93	11,71	9,98	3,86	-	-
NO_2^- (mg/L)	-			0,02	0,01	0,03	0,06	0,05	0,14	0,01	-	-	0,02	0,02	0,03	0,01	0,02		0,03	-	-
SO_4^{2-} (mg/L)	-			-			-			0,38	-	-	0,20	1,65	0,00	0,29	0,14	1,04	0,51	-	-
Cl^- (mg/L)	9,62	-	-	-	21,33	12,72	4,62	22,63	15,38	9,44			4,36	3,96	4,04	3,03			3,59	-	-
PO_4^{3-} (mg/L)	-			-	-	-	-	-	-	0,08	-	-	0,37	0,23	0,07	0,09	0,15	0,15	0,10	-	-

7.3.2. Discussion

Les eaux de la zone d'Akouédo et en particulier celles du champ captant NR plus proches de la décharge, n'ont pas encore subi de manière significative une modification de leur composition chimique depuis 1994. Elles sont donc de bonne qualité pour la consommation humaine surtout que les différents paramètres physico-chimiques respectent les normes de qualité des eaux de boisson. La conservation de cette qualité des eaux est sans doute liée à l'importance de la couche superficielle argilo-sableuse qui se comporte comme une véritable couche filtrante de ces eaux. Cette couche pourrait aussi être à l'origine d'une progression assez lente du panache de pollution dans les couches au sein desquelles des réactions chimiques et biologiques complexes se dérouleraient et retarderaient la progression des polluants par une réduction des concentrations comme l'ont montré Brun *et al.* (2001) sur la décharge de Vejen au Danemark.

Par ailleurs, les résultats obtenus au niveau de la zone d'Akouédo concordent avec ceux de Loroux (1978) et Oga *et al.* (1998). En effet, d'après ces auteurs, les faibles conductivités s'expliquent par le fait que les eaux de la nappe d'Abidjan sont peu minéralisées. Aussi, l'acidité des eaux serait-elle liée à la présence d'une forte teneur en CO_2 libre. Cette forte teneur contenue dans le sable où le quartz domine, est le fait d'une présence constante de matière organique liée à l'infiltration des acides humiques. L'encaissant étant pauvre en éléments basiques (Ca, Mg), l'acidité est conservée.

La qualité des eaux n'ayant pas varié au cours du temps, il est donc possible de dire qu'il n'y a pas à ce jour un appel des polluants de la décharge par le pompage des eaux au niveau des champs captants.

Conclusion partielle

On retient donc que :

–   les eaux du champ captant NR sont acides avec des pH variant de 4,2 à 4,91 ;

–   les conductivités comprises entre 7,77 et 88 μS/cm traduisent une faible minéralisation des eaux ;

–   les eaux sont bien oxygénées, puisque le taux d'oxygène dissous varie de 4,13 à 5,6 mg/L ;

–   les paramètres indicateurs de pollution (NO_3^-, NO_2^-, SO_4^{2-}, Cl^-, et Na^+, PO_4^{3-}) des eaux souterraines respectent les normes recommandées pour les eaux de boisson ;

–   la qualité des eaux de la zone d'Akouédo n'a pas encore varié depuis 1994.

Ces eaux sont par conséquent, de bonne qualité pour la consommation humaine. On peut donc affirmer que la décharge n'a pas d'impact sur les eaux exploitées au niveau des forages du champ captant NR à cause du plongement monoclinal des couches vers le sud. Cependant, pour prévenir les cas de pollution de ces eaux, la connaissance des mécanismes d'acquisition de la minéralisation de ces eaux s'avère nécessaire.

7.4. Recharge des eaux souterraines dans la zone d'Akouédo

7.4.1 Résultats

7.4.1.1 Mécanisme d'acquisition de la minéralisation des eaux souterraines

Dans le but de comprendre le processus de la minéralisation des eaux souterraines dans les environs de la décharge, une analyse en composante principale a été réalisée. Ainsi, pour comparer les quatre campagnes, l'ensemble des variables est représenté uniquement par 15 paramètres physico-chimiques qui sont : Mg^{2+}, Ca^{2+}, MES, NO_3^-, NO_2^-, PO_4^{3-}, NTK, SO_4^{2-}, Cl^-, pH, O_2 dissous, Na^+, Eh, température et conductivité. Les différents forages notés F1 à F10 sont affectés des indices a, b, c et d pour désigner les campagnes. Ces indices correspondent respectivement à la grande saison sèche (février), à la grande saison des pluies (juin), à la petite saison sèche (août) et à la petite saison des pluies (octobre).

Les facteurs qui donnent l'essentiel des informations sont : F1 (32,38%), F2 (17,33%), F3 (11,24%) et F4 (9,84%). Ces facteurs expliquent mieux les interactions hydrogéochimiques dans l'aquifère.

7.4.1.1.1   Etude du plan factoriel F1-F2

L'analyse du plan factoriel F1-F2 (Fig. 42) permet de dégager deux principaux regroupements de paramètres physico-chimiques. Le premier est constitué de Ca^{2+}, Mg^{2+}. Le second est formé par PO_4^{3-}, NTK, SO_4^{2-}, Cl^-

.

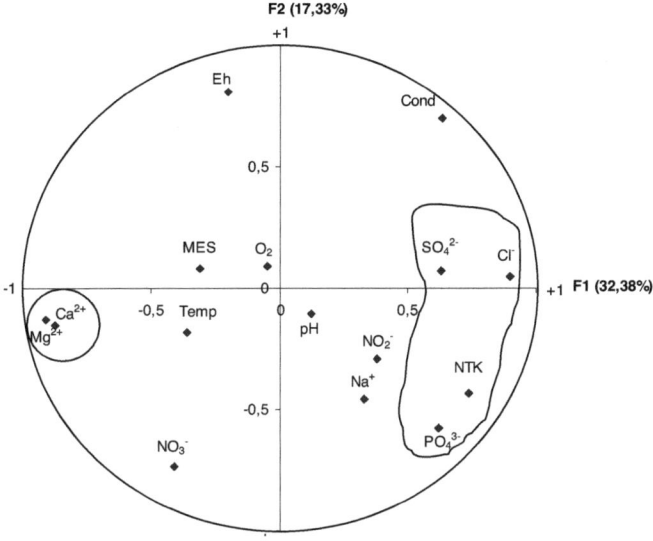

Cond : conductivité ; Temp : température ; MES : Matière en Suspension

Fig. 42: Cercle de communauté du plan factoriel F1-F2

Premier groupe (Mg^{2+}, Ca^{2+})

L'analyse de la matrice de corrélation (Tableau XIV) permet de déterminer une corrélation de 0,96 entre les paramètres de ce groupe.

Tableau XIV: Matrice de corrélation des paramètres physico-chimiques

Variables	pH	Temp	Cond	Eh	O_2	MES	NO_3^-	NO_2^-	SO_4^{2-}	Cl^-	PO_4^{3-}	NTK	Na^+	Ca^{2+}	Mg^{2+}
pH	1,00														
Temp	0,18	1,00													
Cond	0,16	-0,23	1,00												
Eh	-0,46	-0,13	0,40	1,00											
O2	0,12	-0,04	0,03	-0,12	1,00										
MES	0,10	0,09	-0,09	0,17	-0,37	1,00									
NO_3^-	-0,27	0,26	-0,79	-0,33	-0,05	0,19	1,00								
NO_2^-	-0,03	-0,18	0,02	-0,25	0,15	-0,30	0,08	1,00							
SO_4^{2-}	0,02	-0,24	0,43	-0,05	0,11	-0,01	-0,24	0,38	1,00						
Cl^-	0,19	-0,16	0,65	-0,16	-0,18	-0,12	-0,43	0,28	0,52	1,00					
PO_4^{3-}	0,01	-0,19	-0,02	-0,52	-0,10	-0,24	0,21	0,25	0,35	0,54	1,00				
NTK	0,09	-0,12	0,18	-0,40	-0,42	-0,05	0,06	0,23	0,41	0,78	0,72	1,00			
Na^+	0,14	-0,16	-0,07	-0,39	-0,04	-0,22	0,07	0,23	0,08	0,15	0,30	0,34	1,00		
Ca^{2+}	0,01	0,29	-0,63	0,03	-0,02	0,31	0,35	-0,21	-0,44	-0,72	-0,44	-0,52	-0,23	1,00	
Mg^{2+}	0,01	0,30	-0,64	0,08	-0,02	0,29	0,38	-0,24	-0,46	-0,77	-0,48	-0,58	-0,24	0,96	1,00
Variables	pH	Temp	Cond	Eh	O_2	MES	NO_3^-	NO_2^-	SO_4^{2-}	Cl^-	PO_4^{3-}	NTK	Na^+	Ca^{2+}	Mg^{2+}

Les unités statistiques (Fig.43) indiquent que ce regroupement caractérise les eaux pendant la grande saison sèche (*a*) et la grande saison des pluies (*b*).

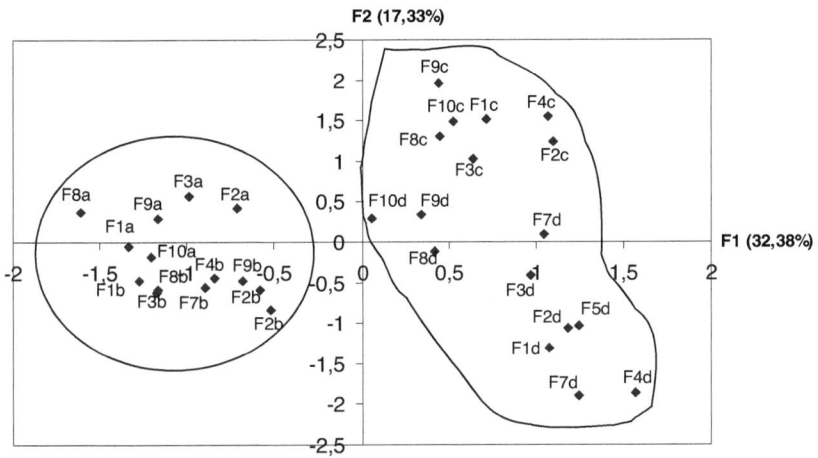

a : février ; b : juin ; c : août ; d : octobre

Fig. 43: Unités statistiques du plan factoriel F1-F2

Second groupe (PO$_4^{3-}$, NTK, SO$_4^{2-}$, Cl⁻)

Ce groupe se caractérise par de fortes corrélations entre Cl⁻ et NTK (0,78), NTK et PO$_4^{3-}$ (0,72). Les corrélations sont aussi significatives entre les paramètres SO$_4^{2-}$ et Cl⁻ (0,52), NTK et SO$_4^{2-}$ (0,41), et entre PO$_4^{3-}$ et Cl⁻ (0,54). La position de ce groupe dans le plan factoriel F1-F2 s'oppose à celle du premier groupe. Le regroupement des eaux de forages (Fig.43) montre que le mécanisme qui gouverne l'apparition du deuxième groupe de paramètres, se produit pendant les petites saisons sèche et pluvieuse (c et b).

7.4.1.1.2   Etude des plans factoriels F1-F3 et F1-F4

Les plans factoriels F1-F3 et F1-F4 (Fig. 44) donnent également deux regroupements de paramètres physico-chimiques. On identifie distinctement un premier groupe formé de Ca^{2+}, Mg^{2+} et un deuxième groupe constitué de PO_4^{3-}, NTK, SO_4^{2-}, Cl^- et conductivité.

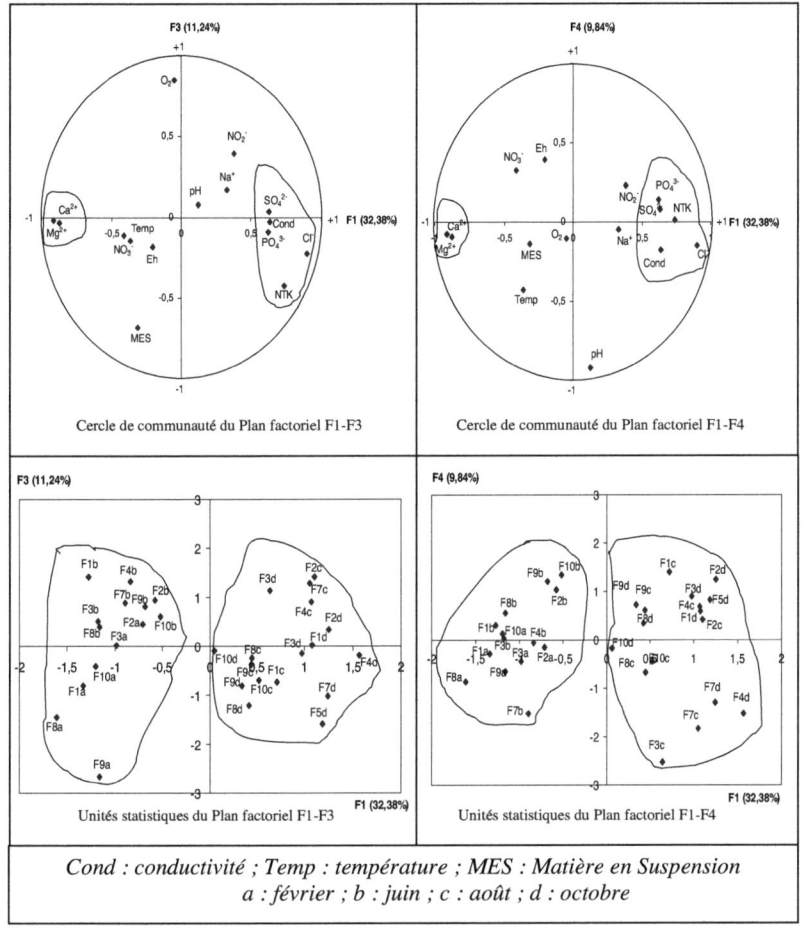

Fig. 44 : Cercles de communautés et unités statistiques des plans factoriels F1-F3 et F1-F4

La schématisation des corrélations (Fig. 45) entre les paramètres du second groupe, indique d'une part que les sulfates, les chlorures et les phosphates ont une origine commune et proviendraient de la décomposition de la matière organique (NTK) et d'autre part, les chlorures et les sulfates confèrent à l'eau des forages, l'essentiel de la minéralisation.

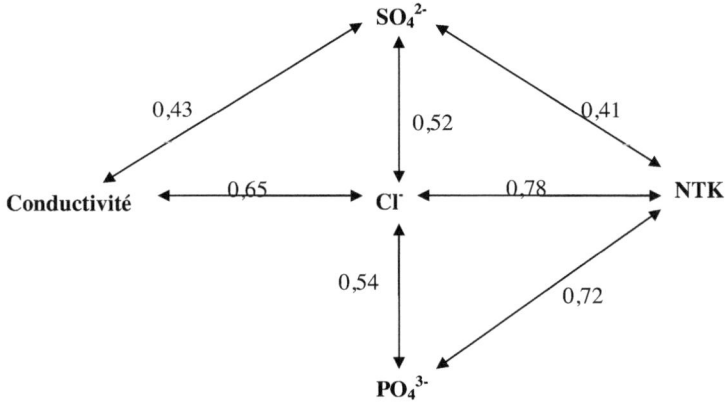

Fig. 45: Interaction des principaux paramètres du deuxième regroupement des plans factoriels F1-F3 et F1-F4

Afin de mieux comprendre les regroupements des paramètres chimiques en fonction des saisons, un suivi de l'évolution de la piézométrie en fonction de la pluviométrie a été effectué.

7.4.1.2 Evolution de la piézométrie en fonction de la pluviométrie

La figure 46 permet de suivre l'évolution de la pluviométrie de mai 2003 à janvier 2004 et de mai 2004 à décembre 2004.

De janvier à avril 2003 ainsi que de novembre à décembre 2004, les relevés pluviométriques n'ont pu être effectués. Toutefois, l'évolution pluviométrique de ces deux années fait ressortir les quatre saisons au niveau de la ville d'Abidjan. Les piézomètres utilisés sont situés sur le même site. Il s'agit des piézomètres NR3, NR5, NR6, NR7, appartenant au champ captant Nord Riviera (NR) et des piézomètres ZE2 et RC7, appartenant respectivement aux champs captant Zone Est (ZE) et Riviera Centre (RC). Les différents graphes permettent donc de suivre l'évolution de la piézométrie en fonction de la pluviométrie au niveau de la zone d'Akouédo afin d'être renseigné sur le mode de recharge de la nappe.

L'analyse de ces graphes indique globalement quatre périodes de fluctuation de la piézométrie. De mai à juin et de novembre à janvier, la piézométrie baisse en général. En revanche, de juillet à octobre, la piézométrie augmente. La réponse de la nappe commence en général pendant le mois de juillet, c'est-à-dire un mois après la grande saison des pluies. Aussi, les pics de la piézométrie, s'observent-ils au mois d'octobre pour les piézomètres NR3, NR5, NR6 et NR7 alors que ceux des piézomètres RC7 et ZE2 sont observés au mois d'août. On remarque ainsi que la nappe commence à répondre à la pluviométrie un mois ou deux mois après la saison des pluies et que, le temps de réponse total est de 2 mois pour les piézomètres RC7 et ZE2 et de 4 mois pour les piézomètres du champ captant NR. Sur le plan topographique, les altitudes varient entre 60 et 100 m au niveau des trois champs captants. La vitesse d'infiltration des eaux calculée à partir des temps de réponse de la nappe varie en moyenne entre 1,5 et 2,4 m/jour.

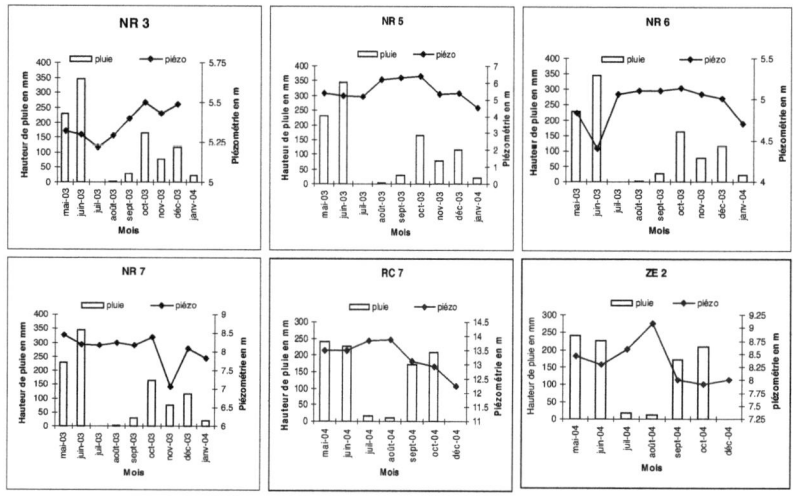

Fig. 46- Evolution de la piézométrie en fonction de la pluviométrie

7.4.2 Discussion

Au niveau de la recharge des eaux dans la zone d'Akouédo, le niveau de la nappe baisse pendant les périodes pluvieuses et augmente pendant les périodes sèches. Ce fait serait lié à une recharge retardée de la nappe au niveau de la zone d'étude, à cause de la grande profondeur de la nappe par rapport au sol. En effet, lors des évènements pluvieux, les eaux de pluies commencent par humidifier la partie supérieure du sol. Lorsque la capacité de rétention du sol en eau est dépassée, l'eau descend sous l'effet de la gravité et humidifie les couches inférieures jusqu'à atteindre la nappe par infiltration (Anonyme 2, 1980). Ce phénomène d'infiltration des eaux est plus ou moins lent selon la nature de la couche traversée. Dans la zone d'Akouédo, la nappe commence à réagir à la pluviométrie après 1 ou 2 mois.

Le décalage entre le temps où l'on enregistre la pluviométrie maximale et celui de la piézométrie maximale indiquerait la durée maximale de recharge de la nappe. Ce temps est pratiquement de 4 mois (juillet à octobre) pour les piézomètres NR3, NR5, NR6 et NR7 et, de 2 mois pour ZE2 et RC7. Cette différence peut s'expliquer par la position du champ captant NR en aval des deux autres champs captants; celle-ci se caractérisant par une altitude plus basse. Cette position fait que le champ captant NR après avoir reçu les eaux d'infiltration, reçoit aussi les eaux d'écoulement souterrain suivant le gradient nord-sud. Ce qui prolonge son temps de réponse. Le retard mis en général par la recharge est lié au fait que le niveau piézométrique de la nappe est situé à une profondeur élevée (> 30 m) par rapport à la surface du sol. Ces résultats infirment ainsi l'hypothèse émise par Oga *et al.* (1998), selon laquelle les eaux de la grande saison des pluies ne participeraient pas à la recharge effective de l'aquifère du Continental Terminal, du fait d'une évapotranspiration élevée et du ruissellement important. En effet, la piézométrie augmente progressivement de juillet à octobre, alors que les précipitations enregistrées sur cette même période sont très faibles voire nulles.

Ce fonctionnement hydrologique peut apporter des explications à la minéralisation des eaux de la zone d'Akouédo et en particulier du champ captant NR. D'après Leneuf (1959), l'eau est un agent de dissolution, d'hydratation qui favorise l'altération chimique par solubilisation de certains éléments comme Na, K, Mg et Ca. La forte corrélation (0,96) obtenue entre Ca^{2+} et Mg^{2+}, indique que ces deux éléments ont la même origine. En effet, pendant les grandes saisons sèche et pluvieuse où la nappe n'est pas alimentée en eau, la minéralisation pourrait provenir essentiellement de l'encaissant qui libère les ions Ca^{2+} et Mg^{2+} dans les eaux et de la matière organique contenue dans l'aquifère suite à cette infiltration quasi permanente d'acide humique. Les ions Ca^{2+} et Mg^{2+} auraient alors pour origine les galets de feldspath intercalés dans les couches aquifères comme l'ont montré Loroux (1978) et Oga *et al.* (1998). La position du second groupe de paramètres (Cl^-, NTK, PO_4^{3-} et SO_4^{2-}) dans les plans factoriels s'oppose à celle du premier groupe (Ca^{2+} et Mg^{2+}). Par conséquent, le mécanisme qui gouverne l'apparition de ces éléments du second groupe dans les eaux serait également opposé à celui du premier groupe. En effet, pendant la grande saison des pluies (juin), ces éléments sont lessivés et entraînés vers les couches profondes où ils commencent à atteindre la nappe généralement à partir du mois de juillet qui marque la fin de cette saison. La présence dans les eaux d'éléments d'origine superficielle à partir du mois de juillet confirmerait la recharge de la nappe pendant les petites saisons sèches et de pluies. Aussi, les corrélations relativement élevées entre la conductivité et le SO_4^{3-}, et entre la conductivité et Cl⁻ font penser que ces deux éléments donnent-ils l'essentiel de la minéralisation des eaux.

Conclusion partielle

L'analyse des eaux souterraines à partir du champ captant NR situé à proximité de la décharge montre d'une manière générale que :

- les eaux sont de bonne qualité pour la consommation puisqu'aucun indice majeur de pollution n'a été détecté ;

- la recharge de la nappe au niveau de la zone d'Akouédo commence un ou deux mois après la grande saison des pluies et s'étend sur les petites saisons sèche et pluvieuse, soit sur 2 à 4 mois ;

- il existe deux mécanismes prédominants de minéralisation des eaux. Le premier a lieu pendant les grandes saisons sèche et pluvieuse, où les minéraux de l'encaissant passent majoritairement en solution alors que le deuxième se produit pendant les petites saisons sèche et pluvieuse, où les éléments d'origine superficielle, infiltrés depuis la grande saison des pluies, arrivent au niveau de la nappe et constituent l'essentiel de la minéralisation des eaux.

Il est cependant difficile d'établir une relation directe entre la minéralisation des eaux souterraines et celle des lixiviats de la décharge.

C'est pourquoi, il est plus intéressant de suivre le comportement des polluants dans l'aquifère par un modèle mathématique d'écoulement et de transport de polluant à partir d'un indicateur de pollution.

8. Modélisation des écoulements

8.1. Résultats

8.1.1. Paramètres d'entrée du modèle d'écoulement

La mise en place du modèle d'écoulement nécessite des paramètres d'entrée. Les conductivités hydrauliques, porosités de drainage et la recharge d'entrée du modèle sont celles calculées à partir des travaux réalisés sur le site. Nous précisons que dans le cas des nappes libres, l'emmagasinement est égal à la porosité efficace.

8.1.1.1. Conductivités hydrauliques de la couche superficielle

Les conductivités hydrauliques de la couche superficielle calculées par la méthode d'infiltrabilité à double anneaux a donné les résultats présentés dans le tableau XV.

Tableau XV: Conductivités hydrauliques de la couche superficielle

Points de prélèvements	Riviera 9 Kilos	Derrière le champ captant Nord Riviera	Riviera centre	Champs captant Nord Riviera	Faya
Conductivité hydraulique (m/s)	$9,8.10^{-5}$	$1,25.10^{-5}$	$9,38.10^{-5}$	$1,78.10^{-4}$	$2,6.10^{-5}$
Points de prélèvements	**Décharge Akouédo**	**Ivoire Golf club**	**M'Badon1**	**M'Badon2**	**M'Pouto**
Conductivité hydraulique (m/s)	$6,3.10^{-5}$	$1,64.10^{-4}$	$4,44.10^{-4}$	$2,37.10^{-4}$	$5,65.10^{-4}$

Les conductivités hydrauliques de la couche superficielle sont faibles et varient en général entre $1,25.10^{-5}$ m/s (derrière le champ captant NR) et $5,65.10^{-4}$ m/s (M'pouto). Mais au niveau de M'badon et M'pouto, situés en bordure de la lagune Ebrié, les conductivités hydrauliques sont plus élevés ($3,52.10^{-4}$ m/s en moyenne) par rapport à celles des autres points de mesure ($4,5.10^{-5}$ m/s en moyenne), indiquant que la structure géologique est plus sableuse en ces lieux.

8.1.1.2. Conductivités hydrauliques de l'aquifère

A partir des essais de pompage, les transmissivités calculées au niveau de l'aquifère ont donné des valeurs situées entre $3,8.10^{-2}$ m^2/s à $4,5.10^{-2}$ m^2/s ; ce qui a permis d'avoir des conductivités hydrauliques comprises entre $3,39.10^{-4}$ m/s et $6,67.10^{-4}$ m/s (voir annexe 2).

8.1.1.3. Porosité de drainage

Le tableau XVI présente les porosités de drainage des couches superficielles. Les porosités de drainage varient globalement de 4,64% (Riviera 9 Kilos) et 18,75% (M'badon 2). Elles sont plus faibles au niveau des points de mesure Riviera « 9 kilos », Champs captant Nord Riviera, Riviera Centre, décharge d'Akouédo et Ivoire Golf club et présentent une moyenne de 7,12%. Au niveau de M'badon et de M'pouto où les structures géologiques sont plus sableuses, les porosités de drainage varient de 12,77% à M'pouto à 18,75% à M'badon. La moyenne calculée à ce niveau est de 15,14%.

Tableau XVI : Porosités de drainage des couches superficielles

Points de prélèvements	Riviera 9 Kilos	Derrière Champs captant Nord Riviera	Riviera centre	Champs captant Nord Riviera	Faya
Porosité de drainage (%)	4,64	9,83	6,07	10,69	7,32
Points de prélèvements	**Décharge Akouédo**	**Ivoire Golf club**	**M'Badon1**	**M'Badon2**	**M'Pouto**
Porosité de drainage (%)	6,09	5,20	13,91	18,75	12,77

8.1.1.4. Recharge de la nappe

Le tableau XVII présente le bilan hydrologique ayant permis de calculer la recharge au niveau de la zone d'Akouédo.

Tableau XVII : Bilan hydrologique selon la méthode de Thornthwaite

MOIS	P (mm)	ETP (mm)	ETR (mm)	Surplus disponible (mm)	Réserve du sol (mm)	Variation de la RFU (mm)	Déficit du bilan (mm)	Excédent du bilan (mm)
Janvier	25	117	25	0	0	0	92	0
Février	36	132	36	0	0	0	96	0
Mars	84	156	84	0	0	0	72	0
Avril	216	151	151	0	65	65	0	65
Mai	253	153	153	65	100	35	0	100
Juin	436	124	124	312	100	0	0	312
Juillet	156	108	108	48	100	0	0	48
Août	23	102	102	0	21	-79	0	-79
Septembre	23	106	44	0	0	-21	62	-21
Octobre	162	124	124	0	38	38	0	38
Novembre	140	127	127	0	51	13	0	13
Décembre	56	118	107	0	0	-51	11	-51
TOTAL	1610	1518	1185	425	475	0	333	425

Les valeurs mensuelles de précipitation et d'ETP reflètent les principales saisons climatiques annuelles. D'une part, les précipitations sont supérieures à l'ETP qui se réalise facilement et les réserves se constituent d'avril à juillet et d'octobre à novembre. Ces deux périodes correspondent respectivement aux grandes et petites saisons pluvieuses. D'autre part, les précipitations sont inférieures à l'ETP, de décembre à mars (grande saison sèche) et d'août à septembre (petite saison sèche).

En outre, les valeurs mensuelles de l'ETR varient de 25 à 153 mm. La valeur moyenne annuelle est de 1185 mm/an pour une pluviométrie moyenne annuelle de 1610 mm/an; soit environ 74% des précipitations tombées sur la période d'observation contre 26% de pluie efficace.

Le surplus disponible pour l'écoulement est pratiquement inexistant sur l'ensemble des mois excepté les mois de mai, juin et juillet.

L'excédent du bilan (P – ETR) est de 425 mm/an ; ce qui nous a donné une valeur estimée du ruissellement de surface (R) de 29,75 mm/an. La valeur de la recharge totale résultante est donc de 395,25 mm/an. Cette recharge totale correspond à près de 25% des précipitations initiales et le volume d'eau infiltrée dans le sol à l'échelle de la zone d'étude (environ 70 km²) est d'environ $2,77.10^7$ m³/an.

8.1.2. Contraintes initiales

Pour le calage du modèle d'écoulement, nous avons utilisé des plages de valeurs en nous basant sur les données calculées sur le terrain et les données des études antérieures.

Ainsi, pour la couche superficielle :

-   la conductivité hydraulique moyenne calculée est de $4,5.10^{-5}$ m/s et le calage a été fait dans l'intervalle compris entre 10^{-6} et 10^{-4} m/s ;

-   le coefficient d'emmagasinement moyen calculé est de 7,12% et le calage a été effectué entre 5% et 10%.

Pour la deuxième couche :

-   la conductivité hydraulique moyenne calculée est de $5,55.10^{-4}$ m/s et le calage a été effectuée entre 10^{-4} et 10^{-2} m/s ;

-   le coefficient d'emmagasinement moyen calculé dans les sables est de 15,14% et le calage a été effectué entre 8% et 25%.

Pour la recharge de l'aquifère, la valeur calculée est de 395,25 mm/an et pour le calage, les valeurs considérées sont comprises entre 150 mm/an et 500 mm/an.

Les plages de valeurs sont supposées être représentatives des valeurs des paramètres de la zone d'étude.

Au niveau des champs captants, l'étude a été réalisée sur 7, 9 et 10 forages respectivement au niveau des champs captants RC, ZE et NR. Les débits de pompage de ces champs captants sur la période 1992-2003 utilisés pour les simulations sont représentés sur les figures 47, 48 et 49. Un débit moyen de 250 m³/heure (6000 m³/jour) a été appliqué aux forages dont les débits ne sont pas disponibles.

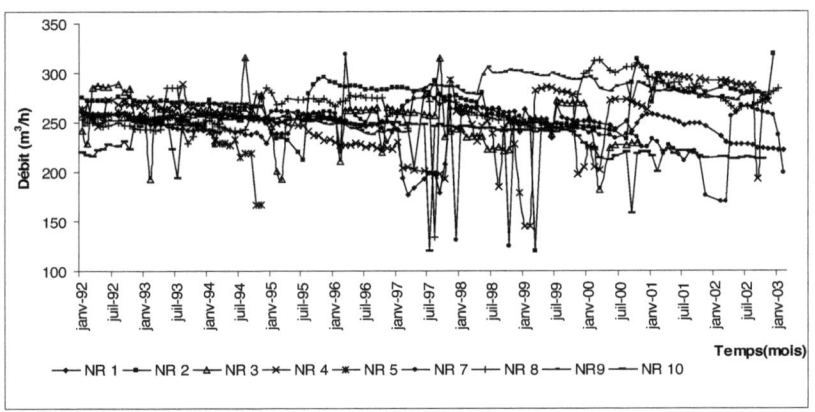

Fig. 47: Evolution des débits de pompages du champ captant NR sur la période 1992 à 2003

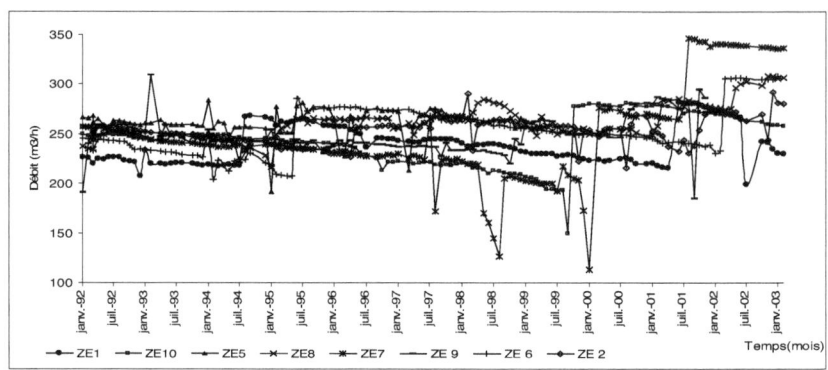

Fig. 48 : Evolution des débits de pompages du champ captant ZE sur la période 1992 à 2003

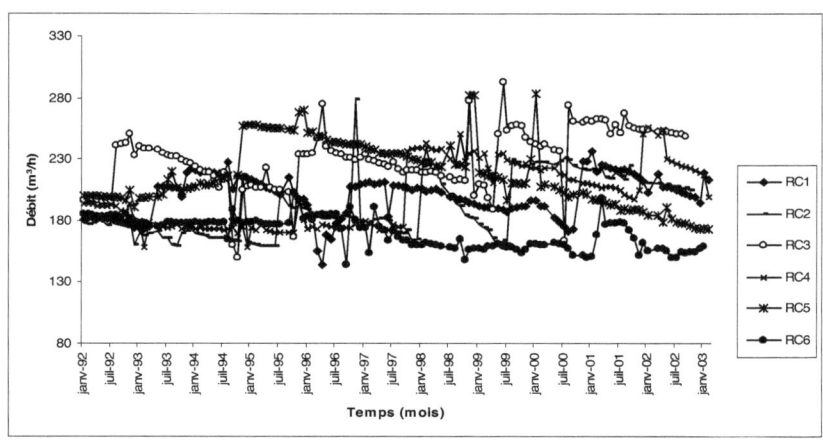

Fig. 49: Evolution des débits de pompages du champ captant RC sur la période 1992 à 2003

8.1.3. Calage du modèle d'écoulement

Le calage du modèle a pour objectif de reproduire avec une certaine fiabilité l'évolution réelle de la nappe dans l'ensemble de la zone d'étude sur une période déterminée. Le calage a été effectué en régime transitoire et, nous a permis de calculer les valeurs de tous les paramètres du modèle. Le module PEST de Visual Modflow a permis de calculer les meilleures valeurs des différents paramètres à caler. Le choix de la période d'observation a été porté sur la piézométrie de février 1992 où la plupart des piézomètres du site étaient encore fonctionnels. Les historiques piézométriques au niveau des forages sont présentées en annexe 2.

8.1.3.1. Calage des paramètres hydrodynamiques

Les résultats issus du calage des paramètres hydrodynamiques sont résumés dans le tableau XVIII.

Tableau XVIII : Résultats des paramètres calés

	Paramètres	Plage des valeurs pour calage		Valeur calée	Valeur moyenne calculée
		Limite inférieure	Limite supérieure		
	Recharge (mm / an)	150	500	200	395
Couche superficielle (argiles sableuses)	Conductivité hydraulique (m/s)	10^{-6}	10^{-4}	10^{-6}	$4,5.10^{-5}$
	Coefficient d'emmagasinement (%)	0,05	0,10	0,08	0,071
Deuxième couche (sables grossiers)	Conductivité hydraulique (m/s)	10^{-4}	10^{-2}	$1,32.10^{-3}$	$5,55.10^{-4}$
	Coefficient d'emmagasinement (%)	0,08	0,25	0,20	0,15

L'analyse de ce tableau montre que pour la première couche de nature argilo-sableuse, la conductivité hydraulique moyenne calée (10^{-6} m/s) est inférieure à celle qui a été calculée ($4,5.10^{-5}$ m /s) sur le site alors que pour la deuxième couche essentiellement sableuse, la valeur calée ($1,32.10^{-3}$ m/s) est supérieure à celle calculée ($5,55.10^{-4}$ m/s).

Les meilleures valeurs de l'emmagasinement ont été obtenues pour des valeurs moyennes de 8% dans les argiles sableuses et 20% dans les sables grossiers. Ici, le coefficient d'emmagasinement calé est voisin de celui calculé dans les argiles sableuses. Pour la deuxième couche, l'emmagasinement calé est plus élevé que celui calculé sur le terrain.

Avec l'hypothèse que la recharge se fait essentiellement à partir de l'infiltration des eaux de pluie et uniforme sur toute la surface étudiée, la recharge a été calée à 200 mm/an. Cette valeur est inférieure à celle calculée sur le terrain.

8.1.3.2. Calage de la piézométrie

La figure 50 montre la corrélation entre les charges observées et celles calculées par le modèle.

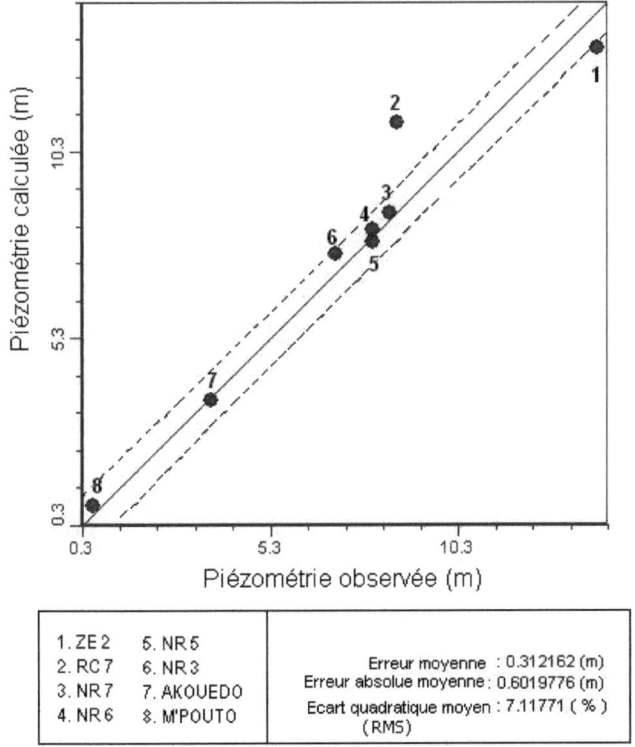

1. ZE 2	5. NR 5		Erreur moyenne : 0.312162 (m)
2. RC 7	6. NR 3		Erreur absolue moyenne : 0.6019776 (m)
3. NR 7	7. AKOUEDO		Ecart quadratique moyen : 7.11771 (%)
4. NR 6	8. M'POUTO		(RMS)

Fig. 50: Corrélation entre les valeurs observée et simulée

Le calage des valeurs observées et des valeurs calculées est obtenu par minimisation de l'écart entre ces deux valeurs. Les paramètres d'erreurs, généralement utilisés pour évaluer l'ajustement sont : l'erreur moyenne (ME) qui est la moyenne des différences entre les charges mesurées et calculées, l'erreur absolue moyenne (MAE) qui est la moyenne absolue des écarts entre les paramètres observés et calculés, et l'écart quadratique moyen (RMS) qui est la racine carrée de la moyenne du carré des écarts entre les charges observées et calculées. Le calage a donc donné une erreur moyenne de 0,31 m, une erreur absolue moyenne de 0,6 m et un écart quadratique moyen de 7 %.

8.1.3.3. Analyse de la piézométrie

La comparaison de l'allure de deux courbes observée et simulée au niveau de deux couches, constitue déjà un moyen visuel pour évaluer la qualité de l'ajustement, quoique les erreurs commises lors des interpolations ne soient pas négligées. Dans cette optique, la comparaison entre les piézométries observée et simulée de 1992 (fig. 51), nous permet de juger de la qualité de notre calage. On constate globalement que ces deux piézométries présentent sensiblement les mêmes allures. Cependant, les courbes de la piézométrie simulée, présentent une allure en forme de cloche au niveau des champs captants; ce qui n'est pas le cas au niveau de la piézométrie observée. Cette allure en cloche indique la dépression créée par le pompage des eaux de forages des champs captants.

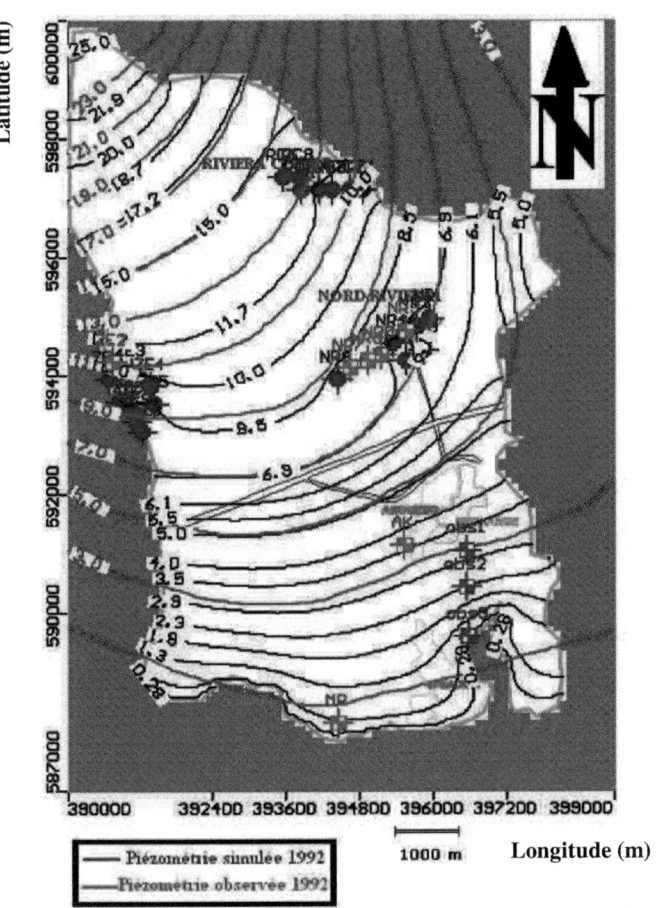

Fig. 51: Comparaison des piézométries observée et simulée de 1992

8.1.3.4. Analyse du sens d'écoulement

La figure 52 permet de voir le sens d'écoulement des eaux de la zone d'étude. De façon générale, les eaux s'écoulent dans la direction nord-sud. Cependant, on peut noter deux sens d'écoulement. Le premier sens et le plus important est celui orienté vers la lagune Ebrié au Sud du site, alors que le deuxième sens est orienté vers le côté Est. L'orientation préférentielle des eaux dans les directions sud et est, est globalement attribuable à la structure monoclinale des couches plongeant vers le sud. Au niveau de la nappe, les charges atteignent 25 m d'altitude. Le gradient hydraulique moyen calculé par rapport à la limite sud (lagune Ebrié) est de l'ordre de 0,2%. Les eaux se déversent en direction de la lagune Ebrié à une vitesse moyenne de $1,23.10^{-5}$ m/s, soit 390 m/an.

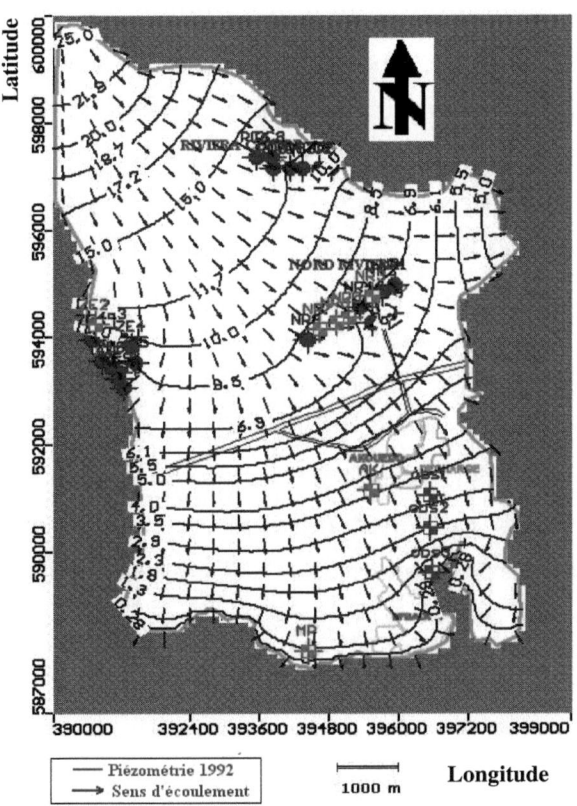

Fig. 52: Sens d'écoulement des eaux de la nappe d'Abidjan dans la zone d'Akouédo

8.2   Discussion

Le schéma conceptuel de la zone d'étude, qui est une simplification du système à modéliser, a permis de mettre en évidence deux couches géologiques homogènes dont la première est constituée de argiles sableuses et la deuxième de sables grossiers. L'homogénéité des couches du modèle conceptuel est non seulement conforme à celle proposée par Sogreah (1996) au niveau de la zone d'étude, mais s'intègre bien aux niveaux 4 et 3 du log-hydrogéologique élaboré par Aghui et Biémi (1984). Les couches définies au niveau du modèle sont pour l'essentiel d'âge mio-pliocène. Aussi, dans le modèle conceptuel, le niveau piézométrique coïncide-t-il avec celui de la lagune Ebrié à l'altitude zéro au Sud de la zone d'étude ; ceci est attribuable à la valeur de l'altitude de cette lagune (altitude zéro) indiquée sur les cartes topographiques au $1/5000^e$ utilisées pour l'élaboration du modèle conceptuel. Dans la réalité, le niveau lagunaire semble plus élevé que celui de la nappe.

Le calage du modèle d'écoulement couplé au modèle conceptuel a permis de déterminer les valeurs des paramètres hydrodynamiques supposées proches de la réalité. Ainsi, au niveau de la conductivité hydraulique de la couche argilo-sableuse, nos valeurs calculées sur le terrain ($1,25.10^{-5}$ m/s à $5,65.10^{-4}$ m/s) concordent avec celles de Guerin-Villeaubreil (1962) et de (Loroux, 1978). Aussi, les valeurs sont-elles légèrement plus élevées que celles calculées par Jourda (1987) qui a utilisé le slug test pour évaluer ces paramètres sur la nappe d'Abidjan. Cet auteur a obtenu dans l'ensemble des valeurs variant de 10^{-6} à 10^{-5} m/s. Mais, de façon particulière, nos résultats corroborent ceux de Jourda (1987), puisqu'il a obtenu une valeur de $2,5.10^{-5}$ m/s sur la route de Bingerville qui fait partie de notre site.

La valeur de conductivité hydraulique calée pour cette couche (10^{-6} m/s) est légèrement inférieure à celle calculée sur le terrain ; ce qui indique la faible perméabilité des argiles sableuses. Toutefois, cette valeur est représentative des argiles sableuses, puisqu'elle se situe dans la gamme 10^{-9} m/s et 10^{-5} m/s. En effet, Marsily (1994) rapporte que les couches argilo-sableuses présentent des conductivités hydrauliques comprises dans cette gamme.

Pour la deuxième couche constituée de sables grossiers, les valeurs obtenues   ($3,39.10^{-4}$ m/s à $4,5.10^{-4}$ m/s) sont en accord avec celles calculées par des auteurs (Loroux, 1978; Aghui et Biémi, 1984 ; Jourda, 1987) qui ont travaillé sur la nappe d'Abidjan. Le calage a donné une valeur de $1,32.10^{-3}$ m/s quand les valeurs calculées sur le terrain sont de l'ordre de 10^{-4} m/s. On note ainsi une différence de 10^{-1} m/s qui peut être vue comme une surestimation du paramètre par le modèle. Mais, des études antérieures (Loroux, 1978) ont montré que la partie sableuse du Continental Terminal au niveau de la zone d'étude, peut présenter un aspect grossier continu ou même conglomératique peu épais, dont la perméabilité atteint 4.10^{-1} m/s. Cette valeur issue du calage est acceptable. De plus, elle s'inscrit bien dans la gamme de conductivités hydrauliques des sables grossiers [9.10^{-7} m/s – 6.10^{-3} m/s] définie par Domenico et Schwartz (1998).

Pour le coefficient d'emmagasinement, les valeurs calculées sur le terrain sont proches de celles rapportées par Johnson (1967) qui a étudié sur plusieurs sites dans le monde. Selon cet auteur la porosité de drainage moyenne est de 7% dans les argiles sableuses et de 27% dans les sables grossiers. La valeur issue du calage (0,20) dans les sables grossiers, est plus élevée que celle calculée par Anonyme 2 (1980) qui varie de 0,09 à 0,14 dans la zone d'étude. Toutefois, cette valeur calée est fiable d'autant plus que les mêmes études de Anonyme 2 (1980) ont montré que le coefficient d'emmagasinement de la nappe d'Abidjan varie entre 0,10 et 0,21.

En ce qui concerne la recharge de la nappe, la valeur obtenue après le calage du modèle est inférieure à celle calculée de 155 mm/an. Cette différence de valeurs pourrait mettre en évidence la réduction des zones d'infiltration des eaux vers la nappe due à l'urbanisation galopante au niveau de la ville d'Abidjan. Elle pourrait aussi être due à une faiblesse de la méthode de Thornthwaite (1954), liée à la variation du seul paramètre ''température''. En effet, Yacoub (1999) a montré que la méthode de Thornthwaite (1954) surestime les valeurs de l'infiltration de 10 %.

Au niveau de la piézométrie, l'appréciation des erreurs commises lors du calage du modèle dépend de l'ordre de grandeur des charges dans la zone d'étude (Anderson et Woessner, 1992). Au niveau de la zone d'Akouédo, l'épaisseur totale de la nappe est importante et est de l'ordre de 120 m. Ceci permet de dire que le calage des paramètres hydrodynamiques et de la recharge a abouti à un ajustement satisfaisant des charges. Cela se traduit, par une erreur moyenne et une erreur moyenne absolue faibles. D'après Zheng et Bennett (2002), Gurwin et Lubczynski (2004), une erreur moyenne absolue qui tend vers zéro, indique que le calage des charges est satisfaisant, mais ne précise pas si les charges simulées sont sous-estimées ou surestimées. C'est l'erreur moyenne qui donne cette information. Dès lors, une erreur moyenne faible (+ 0,31m) permet de dire que les charges calculées sont légèrement surestimées de l'ordre de cette erreur moyenne. Cependant, il convient de noter que cette erreur est négligeable par rapport à l'ordre de grandeur des charges dans l'aquifère ; ce qui est confirmé par Anderson et Woessner (1992), qui ont rapporté que la faible valeur de RMS traduit les faibles erreurs commises sur les charges globales.

Conclusion partielle

Le calage des différents paramètres du modèle d'écoulement a permis d'obtenir une valeur de 200 mm/an pour la recharge. Au niveau de la couche superficielle, la conductivité hydraulique et le coefficient d'emmagasinement ont été calés respectivement à 10^{-6} m/s et 8 %. Par contre pour la deuxième couche, le calage de ces deux paramètres a donné des valeurs de 1, 32.10^{-3} m/s et de 0,20 % respectivement.

Après le calage des paramètres hydrodynamiques, les résultats du transfert des polluants de la décharge ont été observés.

9 .   Simulation du transport des polluants

9.1.   Résultats

Dans cette partie, les résultats sur le sens et le temps de migration des polluants, notamment du NO_3^-, sous l'influence des débits de pompage actuels ainsi que ceux des débits critiques d'exploitation seront présentés.

9.1.1. Sens et temps de migration des polluants sous l'influence du débit moyen actuel de pompage au niveau du champ captant NR

Actuellement, le champ captant NR est exploité avec un débit moyen de 6000 m^3/jour par forage et le nombre total de forages est de 10. Par conséquent, le volume journalier d'eau exploitée au niveau de ce champs captant est de 60 000 m^3/jour. Avec ce débit moyen, on arrive à suivre la concentration du nitrate dans le panache de pollution en fonction du temps (t) de simulation (fig. 53).

Le constat général est que le flux de nitrate évolue vers la limite sud du site d'étude, constituée de la lagune Ebrié. Après 1 an de parcours (fig.53-a), l'évolution du panache de pollution est encore faible et les concentrations observées sont encore élevées, et voisines de 180 mg/L.

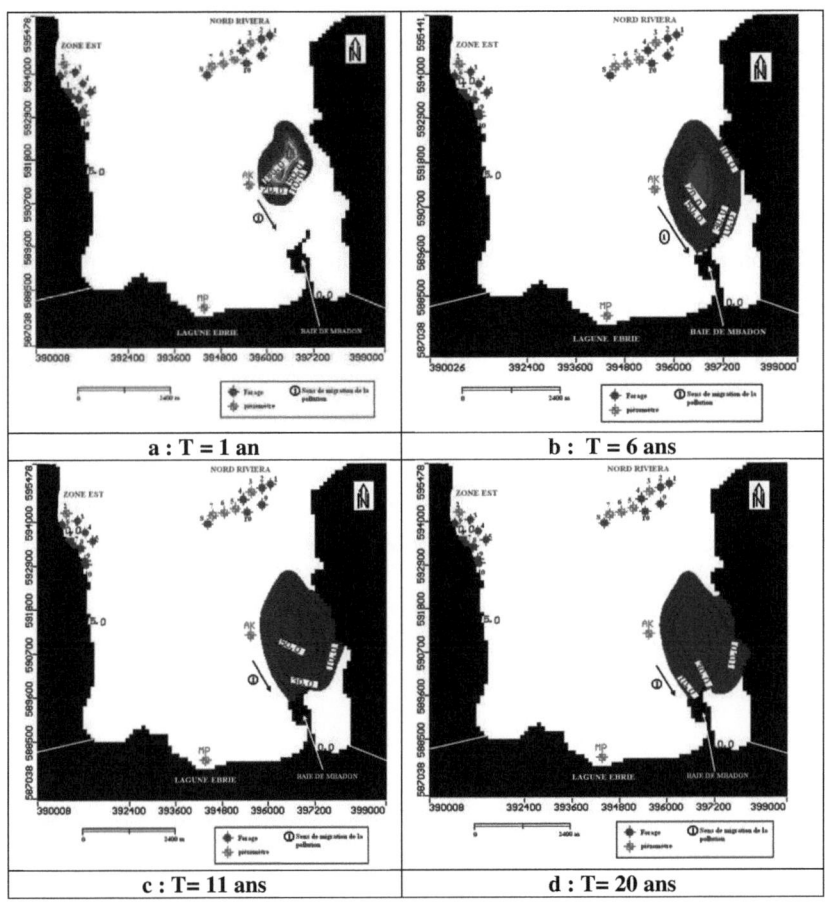

Fig. 53 : Progression du panache de pollution pour un temps de simulation de 1 à 20 ans

Ce panache de pollution arrive au niveau de la limite sud après 6 ans (fig. 53-b) de parcours. La concentration de nitrate diminue certes dans le panache de pollution suite à l'effet de dispersion, mais atteint 70 mg/L.

La lagune reçoit dans ce cas les premières concentrations de nitrate estimées à 20 mg/L. La distance séparant la décharge de la baie de M'badon étant d'environ 2100 m, il en résulte que la vitesse moyenne du panache de pollution est 350 m/an d'environ, soit en moyenne 0,97 m/jour.

Après avoir atteint le niveau de la baie de M'badon, la pollution se déverse progressivement dans la lagune comme le montre la figure 53-c.

Dans cette simulation où la source de pollution est considérée comme ponctuelle, la quasi totalité de celle-ci est déversée dans la lagune au bout de 20 ans (fig. 53-d) et les concentrations résiduelles de nitrate se situent autour de 30 mg/L.

Cette concentration de 30 mg/L est encore présente dans les eaux après 30 ans de progression (fig. 54-a).

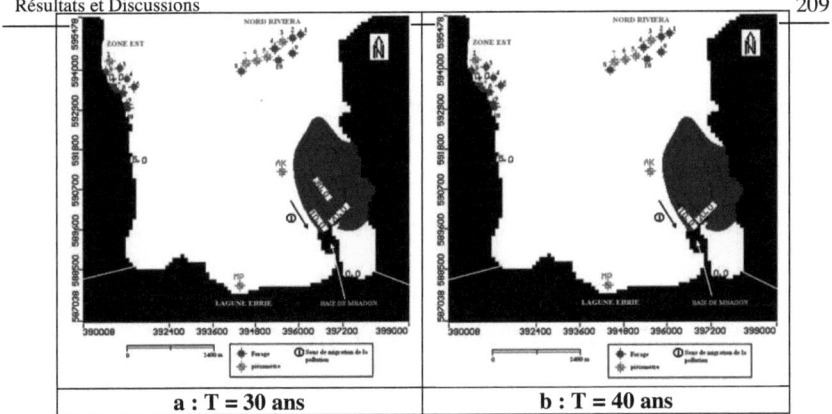

| a : T = 30 ans | b : T = 40 ans |

Fig. 54 : Progression du panache de pollution pour un temps de simulation de 30 à 40 ans

En outre, après 40 ans (fig. 54-b), on note à nouveau une diminution de la concentration de nitrate qui atteint 20 mg/L dans le panache.

9.1.2. Détermination des débits critiques de pompage

Depuis quelques années, la population de la ville d'Abidjan s'accroît sans cesse puisqu'elle a aujourd'hui un taux d'accroissement avoisinant 4% ; ce qui entraîne également une augmentation des besoins en eau. La satisfaction de ces besoins, requiert un accroissement des installations d'approvisionnement en eau de la ville qui pourrait se traduire par une augmentation du nombre de forages par champs captant ; ce qui revient donc à augmenter les débits moyens de pompage actuels au niveau des champs captants. Cette situation peut avoir des conséquences sur la qualité des eaux de la nappe, vu que la décharge est proche du champ captant NR.

Ce chapitre permet ainsi d'apprécier l'impact de la variation du débit moyen de pompage des champs captants de la zone d'étude, sur l'évolution du panache de pollution.

9.1.2.1. Impact de la variation des débits de pompage du champ captant NR

Des simulations du pompage à débits variables sur une période de 40 ans à compter de l'année 1992 au niveau du champ captant NR, ont permis d'avoir différents comportements du panache de pollution (fig. 55).

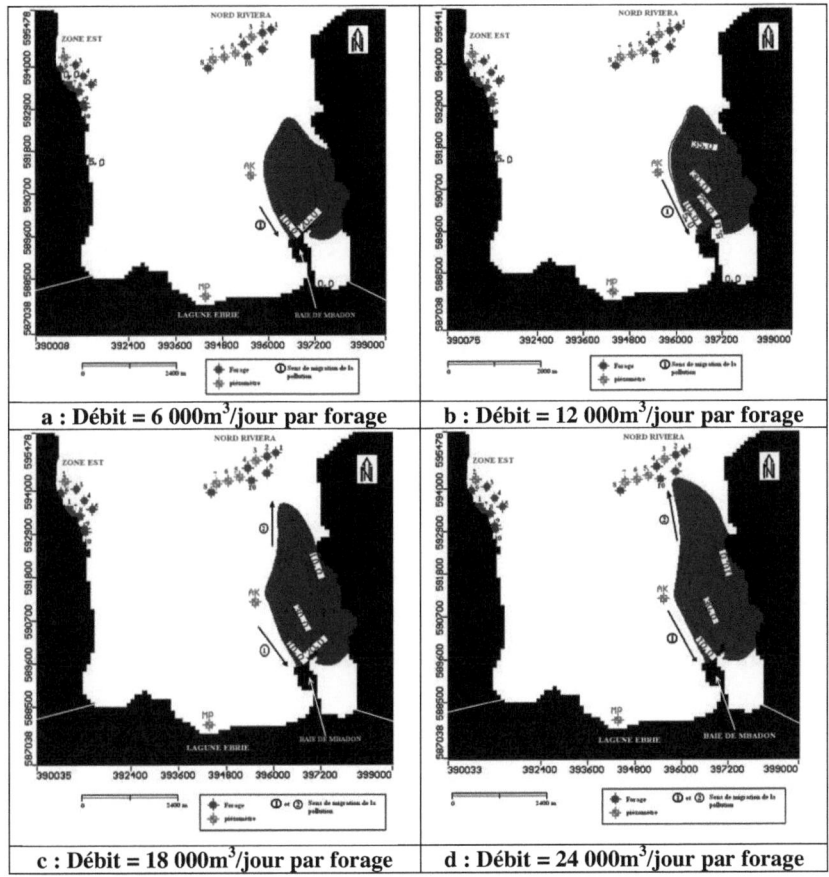

Fig. 55 : Progression du panache de pollution sous l'influence d'un débit de pompage variant de 6000 à 24 000m³/jour par forage

Le premier débit utilisé dans cette simulation est le débit actuel, c'est-à-dire 6000 m³/jour par forage. Comme dans l'analyse précédente, ce débit n'a aucune influence sur le sens de migration des polluants puisque ceux-ci sont directement déversés dans la lagune Ebrié au Sud (fig. 55-a).

Cependant, lorsque le débit moyen par forage atteint 12 000 m^3/jour, l'impact du pompage sur le sens de migration du panache de pollution se fait sentir (fig. 55-b). Cette influence est peut être encore faible mais on constate que le panache fait légèrement sailli en direction du champ captant NR. De plus, les concentrations présentes dans le panache sont plus élevées (35mg/L).

Avec des débits représentant le triple (18000 m^3/jour) et le quadruple (24000 m^3/jour) du débit moyen actuel (fig. 55-c, d), l'influence du pompage sur l'évolution du panache est distinctement remarquable. L'inversion du gradient de concentration est bien perceptible et le panache se rapproche plus du champ captant NR.

Pour un débit d'exploitation moyen de 24000 m^3/jour par forage (fig. 55-d), le panache se retrouve dans les environs immédiats des forages 9 et 10 du champ captant NR.

C'est aussi le même cas qui se produit lorsque des débits plus élevés de 30000 m^3/jour et 36000 m^3/jour par forage ont été appliqués au niveau du champ captant NR (fig. 56-a,b). Avec ces débits, les forages 9 et 10 se trouvent contaminés par le panache de pollution et les forages voisins sont très menacés.

Dans cette dernière hypothèse, la migration des polluants se fait aussi bien dans le sens de la lagune Ebrié que dans celui du champ captant NR.

Les forages sont donc susceptibles de recevoir une concentration en nitrate de plus de 45 mg/L.

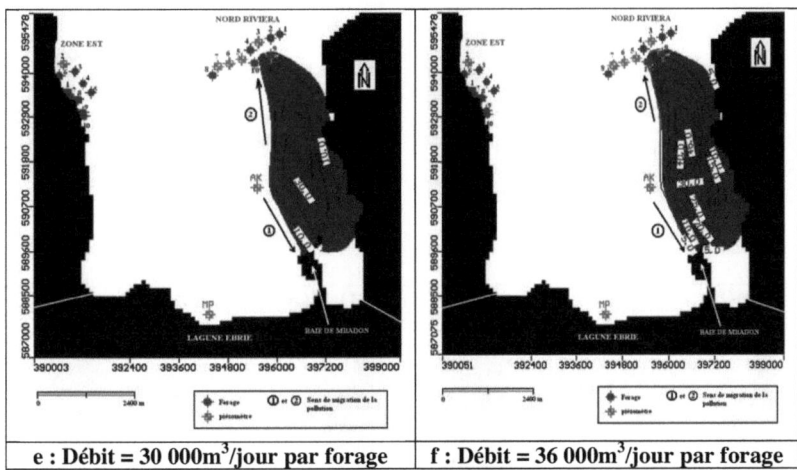

| e : Débit = 30 000m³/jour par forage | f : Débit = 36 000m³/jour par forage |

Fig. 56: Progression du panache de pollution sous l'influence d'un débit de pompage variant de 30 000 à 36 000m³/jour par forage

9.1.2.2. Impact de la variation des débits de pompage des trois champs captants de la zone d'étude.

La figure 57, permet de mettre en évidence l'influence de la variation des débits de pompage de tous les champs captants de la zone d'Akouédo sur le sens de migration du panache de pollution également sur une période de 40 ans avec pour point de départ l'année 1992.

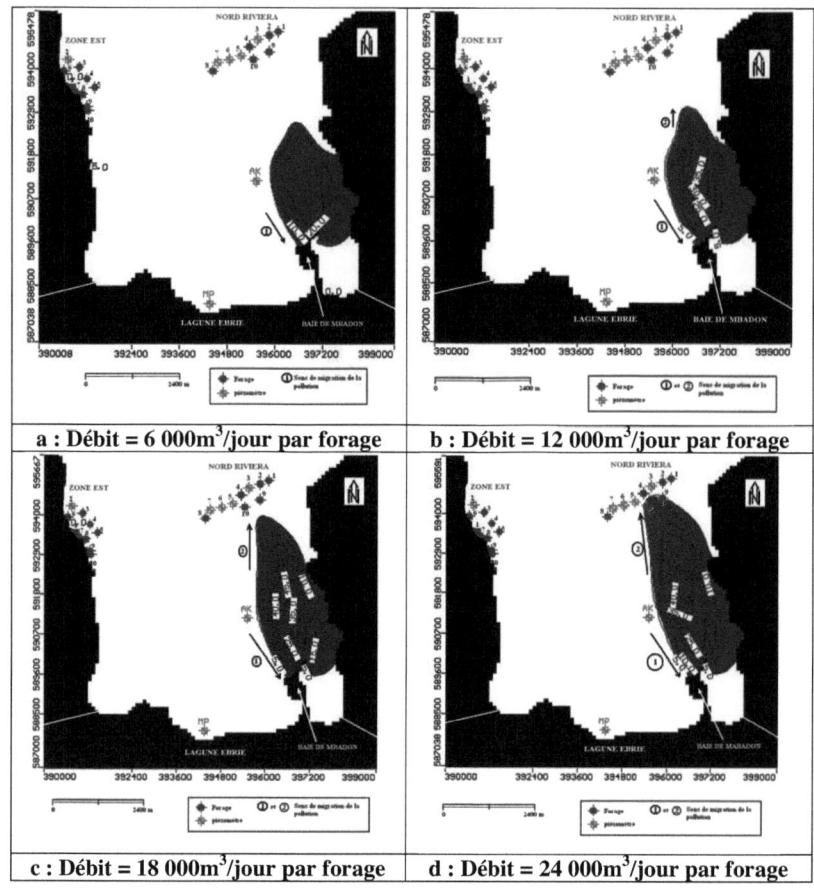

Fig. 57: Progression du panache de pollution sous l'influence d'une variation des débits de pompage au niveau des trois champs captants de la zone d'étude

Dans cette hypothèse où tous les champs connaissent une augmentation de leurs débits de pompage, on constate qu'à 12 000 m³/jour par forage (fig. 57-b), il y a une influence du pompage sur le panache de pollution. Mais dans ce cas, l'inversion du sens de migration de la pollution est faible et l'essentiel de la pollution se déverse dans la lagune au niveau de la baie de M'badon.

Cependant à partir de 18 000 m³/jour par forage (fig. 57-c), l'appel du panache de pollution par les eaux de pompage est très accentué. Il se traduit par une progression rapide du panache qui se retrouve dans le rayon d'influence des forages 9 et 10. On note ainsi avec ce débit moyen de pompage, une inversion importante du gradient de concentration et une évolution rapide du flux de polluants vers les forages du champ captant NR. Ce débit de pompage expose le champ captant NR à un risque élevé de pollution.

Aussi, à 24 000 m³/jour par forage (fig. 57-d), le panache de pollution arrive t-il au niveau des forages 9 et 10. Ce débit entraîne donc une contamination directe des eaux de ces forages et menace celles des forages voisins.

L'influence du pompage des eaux sur l'évolution du panache de pollution se traduit également par des concentrations résiduelles de plus en plus élevées. En effet, les concentrations résiduelles maximales qui étaient de 20 mg/L à 6 000 m³/jour par forage (fig. 57-a), sont passées à 35 et 45mg/L respectivement à 12 000 et 18 000 m³/jour par forage.

Au niveau de la morphologie du panache, on note deux formes distinctes qui indiquent deux sens de migration. Le premier sens est un déversement naturel de la pollution dans la lagune Ebrié selon le sens normal de l'écoulement des eaux qui se fait du Nord vers le Sud. Le deuxième sens traduit un appel du panache vers les forages du champ captant NR par sa partie supérieure. Pour cette raison, le panache est plus large dans sa partie inférieure et moins large dans sa partie supérieure.

Toutefois, la partie du panache de pollution dirigée vers les forages, plus mince et plus courte lorsque les débits ont été doublés, devient de plus en plus longue, et de plus en plus large respectivement pour les débits de pompage de 18 000 et 24 000 m^3/jour par forage.

9.2. Discussion

Les décharges publiques sont considérées par Lee et Lee (1993) comme des sources directes de contamination des eaux souterraines, puisqu'elles y introduisent des substances chimiques par la voie des lixiviats. Par ailleurs, Bouchard et Lencioni (1983) ont rapporté que les modèles de transport de solutés permettent lorsqu'un risque particulier existe, de prévoir l'étendue de la zone concernée et d'aider à définir et à limiter les conséquences néfastes. Au niveau de la décharge d'Akouédo, l'évolution du panache de nitrate pris comme indicateur de pollution a permis de suivre l'impact du pompage effectué au niveau des champs captants de la zone sur la progression des polluants. En outre, William (1993) a rapporté que les ions nitrates, sont dotés de charges hydrostatiques fixes qui leur permettent d'être attirés et hydratés par les molécules d'eau.

De plus, du fait de leur nature anionique, les nitrates ne font pas l'objet d'échanges ioniques avec la phase solide qui présente généralement une capacité d'échange anionique négligeable (Yaron *et al.*, 1996), ce qui leur permet de se déplacer à une vitesse sensiblement égale à celle de l'eau et d'avoir une grande mobilité dans l'aquifère (Robert, 1996).

Plusieurs cas d'études de contamination des eaux souterraines utilisant le nitrate comme indicateur de pollution sont rapportés dans la littérature (Brun *et al.*, 2001; Zhu *et al.*, 2005; Wakida et Lerner, 2005; Marinov *et al.*, 2004). Mais, le nôtre s'identifie à celle de Lasserre *et al.* (1999) qui ont simulé le transfert du nitrate à partir du modèle MT3D en considérant que la concentration de nitrate qui arrive dans le milieu saturé n'a pas subi de transformation. Aussi, la nappe est-elle considérée comme libre au niveau de la zone d'étude avec un niveau zéro correspondant avec celui de la lagune.

Ainsi, les différentes simulations effectuées avec les ions NO_3^-, permettent-elles de faire ressortir deux cas d'influence liés à la variation des débits de pompage sur l'évolution du panache de pollution.

Le premier cas est caractérisé par une très faible influence du pompage sur la décharge et par un déversement du flux de nitrate directement dans la lagune au niveau de la baie de M'badon. Ce comportement du panache est enregistré pour des débits moyens inférieurs à 12000 m^3/jour par forage.

L'influence d'un champ captant est matérialisé par l'ampleur du rabattement de la nappe, provoqué par l'extraction d'eau par pompage au niveau de l'ensemble des forages. Cette influence sera plus importante lorsque le rayon d'influence du cône de rabattement devient de plus en plus grand. Ainsi, avec les débits moyens actuels de pompage (6000 m3/jour par forage), le rayon d'influence serait petit, donc incapable d'atteindre le niveau de la décharge. Par conséquent, les polluants ayant atteint les eaux de la nappe et en l'absence de toute contrainte, migrent dans le sens normal du gradient hydraulique. En effet, le modèle d'écoulement des eaux dans la zone, a permis de noter que l'écoulement des eaux souterraines se fait en majeure partie dans le sens nord-sud avec un gradient hydraulique moyen de 0,2%. L'évolution des polluants vers la lagune Ebrié peut donc être attribué à ce gradient. Les couches géologiques de la zone ont aussi une inclinaison nord-sud comme cela a été montré dans des études antérieures (Aghui et Biémi, 1984). Par conséquent, le panache de pollution sous l'effet de la gravité va suivre le gradient hydraulique pour migrer dans la direction de la lagune Ebrié. Au cours de la migration, la largeur du panache de pollution devient de plus en plus importante. Ceci met en évidence l'effet dispersif du flux de pollution dans l'aquifère qui entraîne un déplacement des molécules de nitrate à des vitesses et dans des directions différentes. Cet effet qui est à la base de la diminution progressive de concentration dans le panache, est plus accentué lorsque le flux de pollution ne subit pas de contrainte extérieure. Le renouvellement de la pollution par le dépôt des déchets fait que la lagune reçoit continuellement la charge polluante provenant de la décharge via la nappe.

Ces observations s'apparentent à celles de Molson (1988) et, Frind et Molson (1989) au Canada sur la décharge de Borden où les eaux souterraines situées en dessous de celle-ci étaient polluées par des chlorures avec des concentrations de plus de 300 mg/L. Par ailleurs, ces auteurs ont aussi rapporté que la conductivité hydraulique de l'aquifère, le niveau piézométrique de la nappe, l'infiltration efficace et l'absence de système de traitement ont aussi des impacts significatifs sur le transfert des polluants et la contamination de la nappe.

La nappe au niveau la zone d'Akouédo est située en général, à des profondeurs de 30 à 80 m suivant l'altitude du lieu. L'absence de système de traitement du lixiviat, fait qu'à la faveur de la recharge des eaux, les polluants peuvent constamment atteindre la nappe. Ainsi, bien que la conductivité hydraulique soit faible (10^{-6} m/s) au niveau de la première couche de nature argilo-sableuse, les polluants parviennent à la traverser pour atteindre la couche sableuse qui a une conductivité hydraulique plus grande ($1,32.10^{-3}$ m/s). La granulométrie des couches est caractéristique du milieu poreux. Elle influence l'écoulement et la simplification du milieu comme étant isotrope et homogène dans le modèle conceptuel, peut ne pas tenir compte de certaines hétérogénéités internes, capables de modifier la vitesse de migration du flux de pollution. Toutefois les hétérogénéités du milieu peuvent ne pas pouvoir empêcher la progression des polluants vers la nappe. En effet, MacFarlane *et al.,* (1983), ont noté que l'aquifère sous-jacente à la décharge de Borden à Ontario est une alternance de couches d'argile et de sable. Cependant, la pollution s'est retrouvée dans le fond de la nappe après avoir traversé toutes les couches géologiques.

Par ailleurs, lorsque les débits de pompage augmentent au niveau des forages des champs captants, les rabattements induisent des cônes qui peuvent communiquer ou non. Dans tous les cas, l'étendue de ces cônes, en particulier ceux du champ captant Nord Riviera (NR), augmente au fur et à mesure que les débits deviennent importants. Mais, bien que capables d'atteindre le niveau de la décharge, ces rabattements ne sont pas encore suffisants pour provoquer une inversion du gradient hydraulique dont la conséquence directe serait le changement du sens de migration des polluants. C'est donc ce qui peut expliquer qu'à ces débits de pompages inférieurs à 12 000 m³/jour par forage, le gradient inversé ne soit pas très significatif.

Le deuxième cas est caractérisé par une forte influence du pompage sur la décharge et par un changement du sens de migration du panache de pollution. Ce phénomène est observé pour des débits moyens supérieurs à 12000 m³/jour par forage lorsque la variation s'applique uniquement au champ captant NR et lorsque tous les champs captants connaissent en même temps une variation de débits.

Le changement de sens du panache de pollution vers les forages du champ captant NR traduit un comportement hydrodynamique induit par le pompage excessif d'eau à partir des forages. En effet, ce pompage au delà des débits critiques, entraîne un rabattement dont le rayon d'influence va atteindre le niveau de la décharge. La dépression créée à la suite d'un appel important et continu d'eau, arrive donc à inverser le sens normal du gradient d'écoulement. Cette inversion du gradient d'écoulement entraîne à son tour une inversion du sens de migration de la pollution vers les forages du champ captant NR disposés à recevoir en premier les polluants. Dans ce cas, la dispersion qui est le phénomène par lequel les molécules se trouvent déplacées à la vitesse moyenne de l'eau et dans des directions différentes dans l'aquifère (Banton et Bangoy, 1997), est plus limitée à cause de la contrainte due à l'écoulement convergent ; ce qui explique donc les formes allongées du panache de pollution en comparaison à la partie qui se déverse dans la lagune sans convergence de l'écoulement.

Aujourd'hui, outre l'augmentation rapide de la population, la vétusté de certaines installations d'approvisionnement d'eau au niveau des autres champs captants, peut entraîner une forte sollicitation des champs captants de la zone d'étude. Ainsi, des concentrations plus élevées que la concentration initiale de nitrate (250mg/L) au niveau des lixiviats de la décharge, pourraient exposer la population à une contamination des eaux à partir du champ captant NR.

Dans une hypothèse d'optimisation de l'exploitation des eaux de la nappe, le débit critique, c'est-à-dire celui qu'il ne faudrait pas dépasser lorsqu'on augmente le nombre de forages au niveau des champs captants NR, ZE et RC, est fixé 12000 m³/jour par forage. Dans ce cas, le débit critique correspond au double des nombres initiaux de forages, c'est-à-dire 18 forages pour ZE, 14 forages pour RC et 20 forages pour NR avec un débit maximum de 6000 m³/jour par forage. Sur l'ensemble des trois champs captants, le volume total d'eau exploité par jour avec ce débit critique serait de 312 000 m³.

Le modèle MT3D utilisé dans le cadre de la simulation du transport du nitrate bien que ne possédant pas de paramètres dans le modèle de calage (PEST) donne des résultats fiables lorsque le modèle d'écoulement est bien calé. Cet état de fait est confirmé par Frind et Hokkanen (1987) qui ont montré que les paramètres les plus importants concernant la simulation de transport des polluants sont ceux qui régissent le champ tridimensionnel d'écoulement, en particulier la stratigraphie; la conductivité hydraulique et les conditions aux limites du modèle d'écoulement. Hormis la répartition peu homogène des piézomètres sur la zone d'étude, le calage des paramètres hydrodynamiques a été satisfaisant ; ce qui permet de donner aussi un crédit aux résultats au niveau du modèle de transport des solutés bien que, de véritables forages d'observation n'existent dans la zone d'étude. Selon ces mêmes auteurs, la dispersion qui est un paramètre fondamental du modèle de transport ne peut pas être négligée à l'échelle du flux de pollution, mais l'évaluation précise des coefficients de dispersion ne semble pas être critique. Cela suggère que dans la simulation pratique, l'évaluation faite sur la base des données publiées dans la littérature pour les lithologies semblables peut être justifiable. Frind et Molson (1989) ont tiré les mêmes conclusions sur la décharge de Borden au Canada. Dans le cas de la décharge d'Akouédo, la distance considérée est celle parcourue par le panache de pollution dans les conditions naturelles longue de 2100 m. Elle sépare la décharge à la baie de M'badon. Ainsi, la relation de Lallemend-Barres et Paudecerf (1978), ayant permis de calculer les dispersivités horizontale (α_L= 210 m) et transversales (α_{TV} = 21 m; α_{TH} = 2,1 m) en l'absence d'un test de traçage, permet de donner une valeur aux résultats obtenus dans la zone d'Akouédo, dans les conditions aux limites fixées.

Conclusion partielle

La simulation du transport du nitrate de la décharge d'Akouédo, permet de fixer un débit critique de pompage de 12 000 m^3/jour par forage, au niveau de tous les champs captants de la zone d'Akouédo.

Par ailleurs, des débits de pompage inférieurs ou égaux aux débits critiques ont une très faible influence sur le sens de migration normal des polluants, alors que des débits de pompage supérieurs provoquent une inversion du gradient de concentration pouvant entraîner la contamination des eaux du champ captant NR.

CONCLUSION GENERALE

Trois objectifs principaux ont été fixés pour la présente étude. Il s'agissait d'abord, de quantifier les polluants de la décharge à travers les lixiviats et les sols, ensuite d'étudier la qualité actuelle des eaux de forages au niveau du champ captant C et enfin, de modéliser le transfert des polluants issus de la décharge sous l'influence du pompage effectué au niveau des champs captants.

Au niveau du premier objectif, il s'est agit de suivre l'évolution quantitative des paramètres physico-chimiques des lixiviats et des sols.

L'étude a ainsi permis de montrer que les lixiviats sont très riches en matière organique, anions et cations inorganiques. Mais, les paramètres les plus représentés sont la DCO, la DBO_5, les MES, le NO_3^-, le SO_4^{2-}, le Cl^-, le NTK et le Na^+ avec des concentrations moyennes respectives de 1 163,83 mg/L, 114 mg/L, 1522,58 mg/L, 2623 mg/L, 623 mg/L et 1216 mg/L. Ces paramètres sont en général plus concentrés en saison sèche, alors qu'ils le sont moins pendant la saison des pluies où les lixiviats se trouvent dilués par les eaux de pluies.

Au niveau des sols, l'étude a porté principalement sur l'évolution quantitative de l'azote total Kjeldhal (NTK), du carbone organique (C_{org}), du zinc (Zn), du chrome (Cr), du cadmium (Cd), du fer (Fe), du cuivre (Cu) et des pHe et pH_{KCl}. Elle s'est également intéressée aux interactions entre les polluants et la matrice sédimentaire ainsi qu'à la mobilité des polluants. Les résultats ont montré que la matière organique est plus abondante dans les horizons superficiels avec des valeurs qui atteignent 50 000 ppm pour le

NTK et 4000 ppm pour le C_{org}. Les métaux lourds sont fortement concentrés dans les sols avec des valeurs maximales enregistrées de 1200 ppm pour le zinc, 120 ppm pour le chrome, 12 ppm pour le cadmium, 1400 ppm pour le plomb, 12950 ppm pour le fer et 369,7 ppm pour le cuivre. Les pH sont toujours supérieurs à 6. Parmi les métaux lourds étudiés, le zinc, le cadmium, le plomb, le fer et le cuivre sont fortement adsorbés sur les couches riches en matière organique et en argiles. Par contre, le chrome n'est pas beaucoup retenu par les couches. Par conséquent, la matrice sédimentaire s'oppose à la mobilité des métaux lourds vers les eaux souterraines à l'exception du chrome dont la rétention est faible.

Au niveau du deuxième objectif, il a été question de rechercher la qualité actuelle des eaux de forages du champ captant NR, et d'étudier le mécanisme de recharge et d'acquisition des minéraux. Il est ressorti de cette étude que les eaux sont de bonne qualité pour la boisson. La recharge de la nappe au niveau de la zone d'Akouédo commence un ou deux mois après la grande saison des pluies et s'étend sur les petites saisons sèche et pluvieuse, soit sur 2 à 4 mois. Aussi, le processus de recharge de la nappe a-t-il fait ressortir deux mécanismes de minéralisation des eaux. Le premier a lieu pendant les grandes saisons sèches et des pluies, où les minéraux de l'encaissant (Ca, Mg) passent en solution par hydrolyse alors que le deuxième se produit pendant les petites saisons sèche et pluvieuse, où les éléments d'origine superficielle (NO_2^-, NO_3^-, Na^+, PO_4^{3-}, NTK, SO_4^{2-}, Cl^-), infiltrés depuis la grande saison des pluies, arrivent au niveau de la nappe et constituent l'essentiel de la minéralisation des eaux. A ce stade, il est encore difficile d'établir une relation entre la minéralisation des eaux souterraines et celle des lixiviats de la décharge. C'est donc pour rechercher une réponse à cette difficulté que nous avons abordé le troisième objectif.

Ce dernier objectif devait à terme, permettre de restituer l'écoulement des eaux de la zone d'étude et à partir d'un modèle de transport couplé au modèle d'écoulement, de déterminer le sens et le temps de migration des polluants de la décharge sous l'influence des débits de pompage actuels. Aussi, les débits de pompage critiques pouvant entraîner la pollution des eaux souterraines à partir du champ captant NR devaient-ils être déterminés. Ceci étant, le calage du modèle d'écoulement a permis de fixer la conductivité hydraulique et le coefficient d'emmagasinement respectivement à 10^{-6} m/s, 8% au niveau de la première couche de nature argilo-sableuse et à $1,32.10^{-3}$ m/s, 20% au niveau de la deuxième couche, constituée de sables grossiers. La recharge de la nappe a, quant à elle, été fixée à 200 mm/an. Ainsi, les résultats du modèle de transport ont montré qu'avec le débit moyen actuel de pompage de 6000 m^3/jour par forage, soit 250 m^3/jour par forage, pratiqué sur un ensemble de 10 forages par champs captant, il n'y a pas de risque de pollution de la nappe d'Abidjan par les polluants de la décharge d'Akouédo.

Cependant, en faisant varier les débits de pompage actuels, un débit critique unique capable de provoquer une contamination des eaux exploitées a été déterminé. Ce débit a été fixé à 12000 m^3/jour par forage pour les deux cas de simulation.

Dans le premier cas où les débits de pompage du champ captant NR varient en fonction des besoins, le débit représente un volume d'eau journalier de 120 000 m^3 à ne pas dépasser au niveau du champ captant.

Dans le deuxième cas, le débit critique est obtenu en faisant varier cette fois les débits de pompage des trois champs captants de la zone d'étude. Ainsi, ce débit correspond à un débit d'eau de 312 000 m^3/jour à ne pas dépasser au niveau de la zone d'étude.

Par ailleurs, des débits de pompage inférieurs au débit critique ont une influence minime sur le sens de migration des polluants, alors que des débits de pompage supérieurs provoquent une inversion du gradient de concentration avec une contamination possible des eaux du champ captant NR.

Il faut souligner que ces résultats sont valables dans les hypothèses formulées au départ de l'étude. Aussi, ces résultats sont-ils fonction des données de base (cartes, profils géologiques et sondages) utilisées et des conditions aux limites considérées au cours de la mise en place du modèle.

Toutefois, il faut retenir que la nappe du Continental Terminal joue un rôle important dans le développement socio-économique du District d'Abidjan en particulier et de la Côte d'Ivoire en général. La modélisation du transfert des polluants effectuée, certes avec quelques imperfections, peut donc constituer un nouvel outil d'aide à la décision en vue d'une optimisation de la gestion de la ressource.

PERSPECTIVE DE RECHERCHE

Ces travaux doivent constituer un point de départ pour le contrôle de l'impact de la décharge d'Akouédo sur les eaux souterraines. Cette prévision qui paraît plus générale peut être renforcée par :

1. le calcul des coefficients de distribution des métaux lourds dans le sol, base d'une modélisation du transfert des métaux ;

2. l'étude des zones réductrices de la décharge permettant de caractériser les principales réactions d'oxydoréduction dans le sol de la décharge ;

3. l'utilisation des méthodes de traçage des lixiviats dans les eaux souterraines permettant de détecter une contamination des eaux à longue distance comme celles utilisées par Vilomet (2000) ;

4. l'utilisation des modèles mathématiques pour l'étude d'impact environnemental des projets d'implantation des nouveaux champs captants sur le bassin sédimentaire et de la mise en place des nouveaux sites de décharge.

RECOMMANDATIONS

Au regard des résultats de nos travaux, nous faisons les recommandations suivantes :

A l'endroit de la Direction de l'hydraulique Humaine

- Exécuter des forages de surveillance autour de la décharge afin de suivre continuellement l'évolution des concentrations des polluants dans les eaux et rendre efficace les études dans la zone ;

- Éviter pour plus de prudence, d'augmenter le nombre actuel de forages au niveau des champs captants NR, ZE et RC en particulier et de la zone d'Akouédo en général ;

- Remettre en état les piézomètres existants et augmenter leur nombre de manière à ce qu'ils soient répartis de façon homogène pour faciliter les études de modélisation ;

- Eviter de créer une nouvelle décharge dans la partie nord de l'actuelle décharge au risque de contaminer plus rapidement la nappe.

A l'endroit de la communauté scientifique

- Mettre en place un programme de recherche pour la détermination de l'impact de la décharge sur les eaux de proximité ;

- Coordonner les activités de recherche sur la nappe d'Abidjan.

A l'endroit de la SODECI

- Contrôler constamment la qualité des eaux avant la distribution ;

    - Permettre les échantillonnages d'eau par la réparation des robinets défaillants au niveau des forages.

REFERENCES BIBLIOGRAPHIQUES

ABDELFETTAH F. (1999). Modélisation de la propagation de polluants dans un milieu poreux saturé et non saturé. Thèse de Doctorat, Ecole polytechnique de Montréal, 228 p.

ADELANA S. M. A., BALE R. B. et WU M. C. (2003). Quality assessment and pollution vulnerability of groundwater in Lagos metropolis, sw Nigeria. Proceedings of the First International Workshop on Aquifer Vulnerability and Risk, vol.2, 28-30 mai, Mexico, pp 1-17.

ADHIKARI T. et SINGH M. V. (2003). Sorption characteristics of lead and cadmium in some soils of India. *Geoderma*, vol. 114, pp 81-92.

ADOU A. (1972). Etude hydrogéologique du continental terminal de la région d'Abidjan, SODEMI, Rapport n°288, 43 p.

ADRIANO D. C. (1986). Trace elements in the terrestrial environment, Arsenic. Springer-Verlag, second edition, New York, 867 p.

AFNOR (1997). Recueil des normes françaises. Qualité de l'eau, Tome 3. Méthodes d'analyse 2: Eléments majeurs, autres éléments et composés minéraux, 2e édition, 365 p.

AGHUI N. et BIEMI J. (1984). Géologie et hydrogéologie des nappes de la région d'Abidjan et risques de contamination. *Ann. Univ. Nat. de Côte d'Ivoire,* série C (Sciences), tome 20, pp 313-347.

AHEL M., MIKAC N., COSOVIC B., PROHIC E. et SOUKUP V. (1998). The impact of contaminant from a municipal solid waste landfill (Zagreb, Croatie) on underlying soil. *Water sci. technol.,* vol. 37, no 8, pp. 203-210.

AHOUSSI K. E. (2003). Distribution spatiale des composés minéraux : nitrates, ammonium, sulfates et aluminium dans la nappe d'Abidjan. Etendue de la contamination des eaux souterraines. DEA, Université de Cocody, 69 p.

ALBAIGES J., CASADO F. et VENTURA F. (1986). Organic indicators of groundwater pollution by a sanitary landfill. *Water Res.*, vol. 20, pp 1153-1159.

ALEXANDER C. S. (1969). Cobalt and the heart. *Ann. Intern. Med.*, vol.70, n° 2, pp 411-413.

ALEXANDER C. S. (1972). Cobalt-beer cardiomyopathy. A clinical and pathologic study of twenty-eight cases. *Am. J. Med.*, vol. 53, n°4, pp 395-417.

ALLOWAY B. J. (1995). Heavy Metals in Soils. Chemical Principles of Environmental Pollution (with D.C. Ayres), Chapman et Hall. 2nd Ed., 363 p.

ANDERSON M. et WOESSNER W. W. (1992). Applied groundwater modelling: simulation of flow and advective transport. Academic press, San Diego, 381 p.

ANONYME 1 (2001). Plan directeur de Gestion intégrée des ressources en eau en République de Côte d'Ivoire. Rapport final version française, Agence Japonaise de Coopération Internationale (JICA), Sanyu Consultants Inc, 251 p.

ANONYME 2 (1980). GROUPE SCET IVOIRE – SODECI – HOLFELDER - SCET INTERNATIONAL : Alimentation en eau potable d'Abidjan. Plan directeur et étude de la nappe et sa protection contre la pollution. Etude hydrogéologique de la nappe d'Abidjan : ressource et exploitation optimale de la nappe. Rapports n°2 et n°3, annexes 5, 6 et 7. 36 p.

ASCHENGRAU A., ZIERLER S. et COHEN A. (1989). Quality of community drinking water and the occurrence of spontaneous abortion. *Arch. Environ. Health*, n°44, vol. 5, pp 283-290.

ATSDR (1990). Toxicological profiles for cooper. Agency for toxic substances and disease Registry, Atlanta, G.A: US department of health services. http://www.astdr.cdr.gov/toxpro2.html.

ATSDR (1993). Toxicological Profiles for cadmium. Agency for Toxic Substances and Disease Registry, Atlanta, GA: U.S department of Health and Human Services, Public Health Services. htpp://www.atsdr.cdc.gov/toxpro2.html.

ATSDR (2001). Toxicological Profiles for Cobalt. Agency for Toxic Substances and Disease Registry, Atlanta, GA: U.S department of Health and Human Sevices, Public Health Services. htpp://www.atsdr.cdc.gov/toxpro2.html.

AYEB M. et SEKKAT Z. (1998). Problématique des décharges sauvages et amélioration de la technique actuelle. *Rev. Maroc. Génie Civil*, vol.76, pp 58-62.

BAKER D. E. et SENFT J. P. (1995). Cooper. *In* Alloway (Ed.): Heavy metal in soils, Blackies academic and professional, London (UK), 339 p.

BANTON O. et BANGOY L. M. (1997) : HYDROGEOLOGIE. Multiscience environnementale des eaux souterraines. Presses de l'Université du Quebec., AUPELF-UREF, 460 p.

BATU V. (1993). A generalized two-dimensional analytical solute transport model in bounded media for flux-type finite multiple sources. *Water Resour. Res.,* vol. 29, pp 2881-2892.

BEAR J. (1972). Dynamics of fluids in porous media, Elsvier, New York, 764 p.

BELJIN S. B. (1990). SOLUTE – a program Package of Analytical Models for solute transport in groundwater; Version 2.0, User Manual, International Groundwater Modelling Center, Golden, CO, 93 p.

BENNETT G. D. (1976). Introduction to Ground-Water hydraulics, A programmed Text for Self-Instruction, U.S. Geological Survey Techniques of Water Resources Investigations, Book 3, 172 p.

BESNARD K. (2003). Modélisation du transport réactif dans les milieux poreux hétérogènes. Application aux processus d'adsorption cinétique non linéaire. Thèse de doctorat, Université de Rennes 1, 251 p.

BIEMI J. (1992). Contribution à l'étude géologique, hydrogéologique et par télédétection des bassins versants subsahéliens du socle précambrien d'Afrique de l'Ouest : hydrostructurale, hydrodynamique, hydrochimie et isotopie des aquifères discontinus des sillons et aires granitiques de la Haute Marahoué (Côte d'Ivoire). Thèse de Doctorat d'état, Université Nationale de Côte d'Ivoire, 479 p.

BILLARD H., COME B., VIENNOT P., MEHU J., KECK G. et NAVARRO A. (1999). Modélisation de l'impact potentiel d'un stockage de déchets stabilisés. *Stab et Env*, vol. 1, pp 104-109.

BILLAUDOT F. (1988). La pollution des eaux par les nitrates d'origine agricole. *Ann. Voir. Environ.*, vol. 143, n°6, pp 172-180.

BORNEMISZA E. et LLANOS R. (1967). Sulfate movement, adsorption and desorption in three Costa Rica soils. *Soil Sci. Soc. Am. Proc.,* vol.31, pp 356-360.

BOUCHARD J. P. et LENCIONI P. (1983). Simulation du transport des polluants par un modèle à faible diffusion numérique. *In* Dunin F. X., Matthess G., Gras R. A. (Eds): Relation of groundwater quantity and quality, *IAHS Publication*, n°146, pp 3-12.

BOU-ZEID E. et EL-FADEL M. (2004). Parametric sensivity analysis of leachate transport simulation at landfill. *Waste Manage.*, Vol. 24, pp. 681-689.

BOVIN P. et TOUMA J. (1988). Mesure de l'infiltrabilité d'un sol par la méthode du double anneau, 2, résultats numériques, *Ca. Orstom, sér. Pédol.,* vol XXIV, n°1, pp 27-37.

BRUN A., ENGESGAARD P., CHRISTENSEN T. H. et ROSBJERG D. (2001). Modelling of transport and biogeochemical process in pollution plumes: Vejen landfill, Danmark. *J. Hydrol.*, vol. 256, issues 3-4, pp 228-247.

BUATIER C. (1997). Caractérisation et analyse de la mobilité et de la biodisponibilité du nickel dans les sols agricoles - Le cas du pays de Gex (Ain). *In* "Aspects sanitaires et environnementaux de l'épandage agricole des boues d'épuration urbaines, ADEME Journées techniques des 5 et 6 juin ", ADEME éd., 320 p.

CACAS M. C. (1989). Développement d'un modèle tridimensionnel stochastique discret pour la simulation de l'écoulement et des transferts de masse et de chaleur en milieu fracturé, Thèse de doctorat, ENSM de Paris, 281 p.

CALVET R., TERCE M. et ARVIEN J. C. (1980). Adsorption des pesticides par les sols et leurs constituants: *Ann. Agron.*, n° 31, pp 239-251.

CASTANY G. (1998). Hydrogéologie : principes et méthodes. 2e cycle, DUNOD, Paris, 237 p.

CHASSARD-BOUCHAUD C. (1995). L'écotoxicologie. Que sais-je ? Paris : PUF, 128 p.

CHIAN E. S. K. et DEAWALLE F. B. (1977). Caracterization of soluble organic matter in leachate. *Environ. Sci.Technol.*, Vol. 11, pp 158-163.

CHOCAT B. (1997). Eurydice 92. Encyclopédie de l'hydrologie urbaine et assainissement, Paris, Tec et Doc, Lavoisier, 1113 p.

CHOFQI A., YOUNSI A., LHADI E. K., MAMINA J., MUDRY J. et VERON A. (2004). Environmental impact of an urban landfill on a costal aquifer (El Jadia, Morooco). *J. Afr. Earth Sci.*, vol. 39, issues 3-5, pp 509-516.

CHRISTENSEN T. H. et KJELDSEN P. (1989). Basic biochemical process in landfill. *In* Chistensen T.H., Cossu R., Stegmann R. (Eds): Sanitary landfilling process, technology and environmental impact, Academic press, London, pp 29-49.

CHRISTENSEN T. H., KJELDSEN P., ALBRECHTEN H-J., HERON G., NIELSEN P. H., BJERG P. L. et HOLM P. E. (1994). Attenuation of landfill leachate pollutants in aquifers. *Crit. Rev. in Environ. Sci. Technol.*, vol. 24, pp 119-202.

CHRISTENSEN J. B., KJENSEN D. L., FILIP Z., GRON C. et CHRISTENSEN T. H. (1998). Caracterization of the dissolve organic carbon in landfill polluted groundwater. *Water res.*, vol. 32, pp 3346-3355.

CHRISTENSEN T. H., KJELDSEN P., BJERG P. L., JENSEN D.L., CHRISTENSEN J. B., BAUN A., ALBRECHTEN H-J. et HERON G. (2001). Biogeochemistry of landfill leachate plumes, *Applied Geochemistry*, vol. 16, issues 7-8, pp 659-718.

CITEAU L. (2004). Etude des colloïdes naturels présents dans les eaux gravitaires de sols contaminés : relation entre nature des colloïdes et réactivité vis-à-vis des métaux (Zn, Cd, Pb, Cu). Thèse de Doctorat, Institut National d'Agronomie Paris-Grignon, 236 p.

COLANDINI V. (1997). Effets des structures réservoirs à revêtement poreux sur les eaux de ruissellements pluviales : qualité des eaux et devenir des métaux lourds. Thèse de Doctorat, Université de Pau et des pays de l'Adour, 161 p.

COMBRES J. C. et ELDIN M. (1971). Eléments généraux du climat. *In* Atlas Côte d'Ivoire. Ministère du plan/ORSTOM/ Institut de Géographie Tropicale, Abidjan, 2 pl. texte, 1 pl. carte.

COULIBALY K. (1997). Evaluation du bilan hydrologique de la variabilité climatique et du tarissement par application de méthodes mathématiques dans le bassin versant du fleuve Sassandra (région de Buyo). DEA, Université d'Abobo-Adjamé, 74 p.

COURANT P. et AIMAR D. (1996). Les technologies disponibles en matière de traitement des lixiviats. *Eau ind. Nuis.*, n° 192, pp 46-50.

DAGAN G. (1986). Statistical theory of groundwater flow and transport: pore laboratory, laboratory to formation and formation to regional scale. *Water Resour. Res.*, vol. 22, n° 9 (supplement), pp 1205-1345.

DAMERON C. et HOWE P.D. (1998). Cooper Environmental Health criteria n° 200, WHO, GENEVA.

DARCY H. (1856). Les publiques de la ville de Dijon. *In* Zheng C., Bennett G. D. (Eds) : Applied contamination transport modelling, second edition, John Wiley and Sons, Inc., New York, 621 p.

DEBIECHE T. H., MANIA J. et MUDRY J. (2003). Species and mobility of phophorus and nitrogen in wadi-aquifer relationship. *J. Afr. Earth Sci.*, vol. 37, pp 47-57.

DE HAAN F. A. M., VAN DER ZEE S. E. A. T. M. et VAN RIEMSDEJK W. H. (1987). The role of soil chemistry and soil physics in protecting soil quality and variability of sorption and transport of Cadmium as an example. *Netherland J. Agric. Sci.,* vol. 35, pp 347-359.

DE HENAUT P. et HARRIS B. (1996). Evaluation of the extent and character of groundwater pollution sources in England and Wales. *In* Lerner D. N., Walton N. (Eds) : Contaminated Land and Groundwater-Future Directions. *Eng. Geol. Spec. Publ.*, Geological Society of London, Vol. 14, pp 83-98.

DELOR C., DIABY I., TASTET J. P., YAO B., SIMEON Y., VIDAL M. et DOMMANGET A. (1992). Notice explicative de la carte géologique de la côte d'Ivoire à 1/200 000, mémoire de la direction de la géologie de Côte d'Ivoire, n°3, feuille Abidjan. 26 p.

DESACHY C. (1996). Les déchets : sensibilisation à une gestion écologique. Tec et Doc, Paris, 90 p.

DETAY M. (1997). Gestion active des aquifères, Paris, Masson, 416 p.

DIOMANDE A. K. (1999). Approche conceptuelle de gestion de système d'adduction d'eau (Exemple de la nappe d'Abidjan). DEA, Université de Cocody, 74 p.

DOMENICO P. A et SCHWARTZ F. W. (1998). Physical and chemical hydrogeology; 2nd Ed., Wiley, New York, 506 p.

DOMENICO P. A. et ROBBINS G. A. (1985). A new method of contaminant plume analysis. *Ground Water*, vol. 23, pp 476-485.

DÖNMEZ G. et KOCBERBER N. (2005). Bioaccumulation of hexavalent chromium by enriched microbial cultures obtained from molasses and NaCl containing media. *Process Biochem.*, vol. 40, pp 2493–2498.

DUPONT J., SMTIZ J., ROUSSEAU A. N., MAILHOT A. et GANGBAZO G. (1998). Utilisations des outils numériques d'aide à la décision pour la gestion de l'eau. *Rév. Sci. Eau*, n° spécial 10e anniversaire, pp 5-18.

EL KHAMLICHI M. A., LAKRABNI S., KABBAJ M., JARBY E. et KOUHEN M. (1997). Etude d'impact de la décharge publique d'Akrach (Rabat, Maroc) sur la qualité des ressources en eau. *Rev. Maroc. Génie Civil*, vol. 68, pp 17-31.

EL-FADEL M., FINDIKAKIS A.N. et LECKIE J.O. (1997). Environmental impacts of solid waste landfill. *J. Environ. Manage*, vol. 50, pp1-25.

FERNANDES L., WARITH M. A. et LA FORGE F. (1997). Modelling of contaminant transport within a Marshland environment. *Waste Manage.*, Vol. 16, n°7, pp 649-661.

FETTER C. W. (2001). Applied hydrogeology, 4th edition, Prentice-Hall, Inc., 598 p.

FLORES V.L. M., ROBERT M. et DUCAROIR J. (1996). Transfert du cuivre dans les sols de Vignobles. Actes des sixièmes journées du DEA Sciences et techniques de l'environnement : transfert des polluants dans les hydrosystèmes, Paris, 46 p.

FLYAMMAR P. (1995). Leachate quality and environmental effects at active sweedish municipal landfill. *In* Cossu R., Christensen T.H., Stegmann R. (Eds) : Regulation, environmental impact and aftercare. Proceedings Sardina 95. Fith international landfill symposium, Vol. III, Sardina, Italy, pp 549-557.

FÖRSTNER U. (1985). Chemical forms and reactivities of metals in sediments. *In* Leschber R., Davis R. D., L'Hermite P. (Eds) : Chemical methods for assessing bio-available metals in sludges and soil. CEC, Elsevier Applied Science publishers, 96 p.

FRIND E. O. et HOKKANEN G. E. (1987). Simulation of the Borden plume using the alternative direction Galerking technique, *Water Resour. Res.*, vol. 23, n°5, pp 918-930.

FRIND E. O. et MOLSON J. W. H. (1989). On the relevance of the transport parameters in predictive modelling of groundwater contamination. *In* Zheng C., Bennett G. D. (Eds) **:** Applied contamination transport modelling. Second edition, John Wiley and Sons, Inc., New York, 621 p.

GARBISU C., ALKORTA I., LLAMA M. J. et SERRA J. L. (1998). Aerobic chromate reduction by Bacillus subtilis. *Biodegradation*, vol. 9, pp 133–141.

GAUJOUS D. (1993). La pollution des milieux aquatiques : aide mémoire, Tec et Doc, Lavoisier, 212 p.

GELHAR L. W. (1986). Stochastic subsurface hydrology from theory to applications. *Water Resour. Res.*, vol. 22, n°9 (supplement), p 135.

GUERIN-VILLEAUBREIL G. (1962). Hydrogéologie en Cote d'Ivoire. Mémoires du BRGM, n°20, édition tech, 43 p.

GURWIN J. et LUBCZYNSKI M. (2004). Modeling of complex multi-aquifer systems for groundwater resources evaluation – Swidnica study case (Poland). *Hydrol. J.*, vol.13, pp 627-639.

GWENDA J. C. (2001). Heavy Metal Concentration in Stream sediment of South Dry Sac River. *Geochem. Tech. (GLG581)*, 9 p.

HAKKOU R., WAHBI M., BACHNOU A., ELAMARI K., HANICH L. et HIBTI M. (2001). Impact de la décharge publique de Marrakech (Maroc) sur les ressources en eau. *Bull. Eng. Geol. Env.*, Vol. 60, pp 325-336.

HARMSEN J. (1983). Identification of organic compounds in leachate from a waste tip. *Water Res.*, vol. 17, pp 699-705.

HAUPT F., STOLL H. R. et GUILLOTE J.P. (1996). Gestion des déchets industriels et dangereux dans les zones urbaines en Afrique de l'Ouest- Les leçons tirées des études de cas régionales. The Word

Bank, Washington, + UNDP, Groupe Régional de l'eau et de l'assainissement, Afrique de l'Ouest, Abidjan, Côte d'Ivoire. 79 p.

HOWARI F. (2004). Heavy metal speciation and mobility assessment of arid soils in the vinicity of Al Ain Landfill, United Arab Emirates. International Journal of Environment and Pollution (IJEP), vol.22, n°6, www.inderscience.com

HSDB (2000). Plomb : Hasardous Substances Data Bank, National Library of Medicine. htpp://www.toxnet.nlm.nih.gov.

HSDB (2001). Cadmium : hasardous substance data bank. National Library of medicine. http://www.toxnet.nlm.nih.gov.

HSDB (2002). Cobalt : hasardous substance data bank. National Library of medicine. http://www.toxnet.nlm.nih.gov.

JAVANDEL I. C., DOUGHTY C. et TSANG C. F. (1984). Groudwater transport : hand book of mathematical models, Water resources Monograph 10, American geophysical union, Washington, DC, 228 p.

JOHNSON A. L. (1967). Specific Yield – Compilation of specific yields for various materials, US Geological Survey Water Supply Paper 1662-D, 74p.

JOURDA J. R. P. (1987). Contribution à l'étude géologique et hydrogéologique de la région du Grand Abidjan, Thèse de Troisième Cycle, Université de Grenoble. 301 p.

JUSTE C., CHASSIN P., GOMEZ A., LINERES M. et MOCQUOT B. (1995). Les micro-polluants métalliques dans les boues résiduaires de stations d'épuration urbaines. INRA –ADEME - Ministère de l'agriculture et de la pêche, pp 113-118.

KABATA-PENDIAS A. et PENDIAS H. (1992). Trace elements in soils and plants, Arsenic, *CR C Press*. 2nd Ed., 315 p.

KJELDSEN P., GRUNDTVIG A., WINTHER P. et ANDERSEN J. S. (1998). Caracterization of an old municipal landfill (Grindsted, Denmark) as a groundwater pollution source: Landfill history and leachate composition. *Waste Manag. Res.*, Vol. 16, pp 3-13.

KOFFI K. (2004). Contribution à l'étude des processus couplés hydrogéochimiques dans les stocks de déchets miniers : le cas du site de Carnoules (Gard, France). Thèse de Doctorat, Université de Montpellier II, 161 p.

KONIKOW L. F. et BREDOEHEFT J. D. (1978). Computer model of two dimensional solute transport and dispersion in groundwater. US geological Survey techniques of water resources investigations, book 7, 90 p.

KOUADIO B. H., 1997. Quelques aspects de la schématisation hydrogéologique : cas de la nappe d'Abidjan. DEA, Université de Cocody, 66 p.

KOUADIO G., DONGUI B. et TROKOUREY A. (2000) : Détermination de la pollution chimique des eaux de la zone la décharge d'Akouédo (Abidjan - Côte d'Ivoire). *Rev. Sc. Tech. – ENS-CI*. Série A-01, pp 34-41.

KOUAME K. J. (2002). Apports d'un système d'information géographique à la réalisation de la carte de vulnérabilité de la nappe souterraine du Continental Terminal au niveau de l'agglomération d'Abidjan. DEA, Université de Cocody, 64 p.

LALLEMAND-BARRES A. et PEAUDECERF P. (1978). Recherche des relations entre les valeurs mesurées de la dispersivité macroscopique d'un milieu aquifère, ses caractéristiques et les conditions de mesure. Etude bibliographique. Bulletin du BRGM, Sec.III., n°4, 17 p.

LAROUSSE (1995). Encyclopédie des sciences de la nature, paris, 702 p.

LASSERRE F., RAZACK M. et BANTON O. (1999). A GIS-linked model for assessment of nitrate contamination in groundwater. *J. Hydrol.*, vol. 224, issues 3-4, pp 81-90.

LEDOUX E. (1986). Modèles mathématiques en hydrogéologie. Centre d'informatique géologique, Ecole Nationale Supérieur des Mines de Paris, LHM/RD/86/12, 120 p.

LEE A. J. et LEE G. F. (1993). Groundwater Pollution by Municipal Landfills: Leachate Composition, Detection and Water Quality Significance, Proc. Sardinia '93 IV International Landfill Symposium, Sardinia, Italy, pp 1093-1103.

LEMIERE B., SEGUIN J.J., LE GUERN C., GUYONNET D. et BARANGER P. (2001). Guide sur le comportement des polluants dans les sols et les nappes: Application dans un contexte d'évaluation détaillée des risques pour les ressources en eau. Document du BRGM 300, 119 p.

LENEUF N. (1959). L'altération des granites, des calco-alcalins et des Granodiorites en Côte d'Ivoire forestière et les sols qui en sont dérivés. Thèse de doctorat, Université de Paris, 210 p.

LE ROCH F. (1991). Risque de contamination des nappes souterraines par infiltration des eaux pluviales urbaines. Mémoire de fin d'études, Rennes, ENSP-LCPC, 73 p.

LOROUX B. F. E. (1978). Contribution à l'étude hydrogéologique du bassin sédimentaire de Côte d'Ivoire. Thèse de Troisième Cycle, Université de Bordeau I, 93 p.

LUDVIGSEN L., ALBRECHTSEN H-J., RINGELBERG D. B., EKELUND F. et CHRISTENSEN T. H. (1999). Composition and distribution of microbial in a landfill leachate contaminated aquifer (Grinsted, Denmark). *Microbial Ecol.*, vol. 37, pp 197-207.

MACFARLANE D. S., CHERRY J. A., GILLMAN R. W. et SUDIKY E. A. (1983). Migration of contaminant in groundwater at a landfill: a case study flow and plume delineation. *J. Hydrol.*, vol. 3, pp 1-29.

MARINOV D., QUERNER E. et ROELSMA J. (2004). Simulation of water flow and nitrigen transport for Bulgarian expérimental plot using SWAP and ANIMO models. *J. Contam. Hydrol.*, vol. 77, issues 3, pp 145-164.

MARSILY D. G. (1981). Hydrogéologie Quantitative, Collection sciences de la Terre, Masson, Paris, 215 p.

MARSILY D. G. (1986). Quantitative hydrogeology, Academic Press, NY, 486 p.

MARSILY D. G. (1994). HYDROGEOLOGIE : Comprendre et estimer les écoulements souterrains et le transport des polluants. Ecole des mines de Paris, 237 p.

MARTIN L. (1973). Morphologie, sédimentologie et paléogéographie au quaternaire récent du plateau continental ivoirien, Thèse de doctorat d'état, Université de Paris VI, Orstom, 340 p.

MARTINELLI I. (1999). Infiltration des eaux de ruissellement pluvial et transfert de polluants associés dans le sol urbain – Vers une approche globale et pluridisciplinaire. Thèse de Doctorat, Institut National des Sciences Appliquées de Lyon, 207 p.

MATHIEU C. et PIELTAIN F. (2003). Analyse chimique des sols: Méthodes choisies, édition Tec et Doc, 387 p.

MAXEY G. B. (1964). Hydrostratigraphic units, *J. Hydrol.*, Vol. 2, pp 124-129.

McDONALD G. M. et HARBAUGH W. A. (1988). A modular three-dimensional finite difference groundwater flow model; Book 6: Modeling techniques; US Geological Survey, Department of interior, 258 p.

MIKAC N., BOZENA C. A., SVJETLANA A. et ZDENKA T. (1998). Assessment of groundwater contamination in the vinicity of a municipal solid waste landfill (Zagreb, Croatia). *Water. Sci. tech.*, Vol. 37, n°8, pp 37-44.

MILLOT N. (1986). Les lixiviats de décharge contrôlée, caractérisation analytique, étude des filières de traitement. Thèse de Doctorat, INSA de Lyon, 180 p.

MOLENAT N., HOLEMAN M. et PINEL R. (2000) - L'arsenic, polluant de l'environnement: origines, distribution, biotransformations. *L'actualité chimique*, vol. 6, pp 12-23.

MOLSON J. W. H. (1988). Three–Dimensional Numerical Simulation of Groundwater Flow and Contaminant transport at the Borden Landfill, Master's Thesis, University of Waterloo, Ontario, Canada, 19 p.

MONTIEL A. et WELTE B. (1998): Les progrès dans la mise en évidence d'éléments traces dans les eaux : avenir des techniques. *Rev. Sci. Eau*, n° spécial, pp 119-128.

MORIN Y., TETU A. et MERCIER G. (1971). Cobalt cardiomyopathy: clinical aspects. *Br. Heart J.,* vol. 33, Suppl, pp 175-178.

MORTON W., STARR G., POHL D., STONER J., WAGNER S. et WESWIG D. (1976). Skin cancer and water arsenic in Lane County. *Oregon. Cancer*, vol. 37, n°5, pp 2523-2532.

NEMESCEK J., MYL J., NAWALANY M. et KARSNY J. (1995). Otimization of pollution plume contaminant using management models. *IAHS-AISH publication,* n°225, pp 271-278.

OGA M. S., MARLIN C. et DEVER L. (1998) : Recharge des nappes du Continental Terminal et du Quaternaire dans la région du Grand Abidjan (Côte d'Ivoire). Conférence internationale Abidjan'98 sur la Variabilité des Ressources en Eau en Afrique au XXème siècle, recueil des posters, pp 127-130.

OMS (1993). WHO/EU drinking water standards comparative table. www.lenntech.com/drinking-drinking-waterstandards.html

PENMANN H. L. (1948). Natural evaporation from open water, bare soil and grass. *Proc. R. Soc. London*, Ser. A., vol. 193, pp 120-146.

PFANKUCH H. O. (1963). Contribution à l'étude des déplacements de fluides miscibles dans un milieu poreux. *Revue de l'institut Français du Pétrole*, vol. 2, n°18, pp 215-270.

PHILIP L., IYENGAR L. et VENKOBACHAR C. (1998). Cr (VI) reduction by Bacillus coagulans isolated from contaminated soils. *J. Environ. Eng.*, vol. 124, n°12, pp 1165–1170.

PICHARD A., BISSON M., HULOT C., LEFEVRE J. P., MAGAUD H., OBERSON G., MORIN A D. et PEPIN G. (2002). Fiche de données toxicologiques et environnementales des substances chimiques : Plomb et ses dérivés. INERIS-DRC-01-25590 –ETSC – APi/SD, n°00df257_version2.doc, 83 p.

PICHARD A., BISSON M., DIDERICH R., HOUEIX N., HULOT C., LACROIX G., LEFEVRE J. P., LEVEQUE S., MAGAUD H., MORIN A. et PEPIN G. (2003a). Fiche de données toxicologiques et environnementales des substances chimiques : Zinc et ses dérivés. INERIS-DRC-01-25590 – ETSC – APi/SD, n°00df259, 62 p.

PICHARD A., BISSON M., HOUEIX N., HULOT C., LACROIX G., LEFEVRE J.P., LEVEQUE S., MAGAUD H., MORIN A. et TISSOT S. (2003b). Fiche de données toxicologiques et environnementales des substances chimiques : Arsenic et ses dérivés inorganiques. INERIS-DRC-01-25590 – ETSC – APi/SD, n°02df258, 68 p.

PICHARD A., DIDERICH R., DOORNAERT B., LACROIX G., LEFEVRE J. P., LEVEQUE S., MAGAUD H., MORIN A., OBERSON D., PEPIN G. et TISSOT S. (2003c). Fiche de données toxicologiques et environnementales des substances chimiques : Mercure et ses dérivés inorganiques. INERIS-DRC-00-25590 – ETSC – APi/SD, n°99df389a.doc, 76 p.

PICHARD A., GAY G.., HOUEIX N., LEFEVRE J. P., MAGAUD H., MIGNE V., MORIN A. et TISSOT S. (2003d). Fiche de données toxicologiques et environnementales des substances chimiques : Cobalt. INERIS-DRC-02-25590 – ETSC – APi/SD, n°02df55, 41 p.

PICHARD A., BISSON M., DIDERICH R., HOUEIX N., HULOT C., LACROIX G., LEFEVRE J. P., LEVEQUE S., MAGAUD H., MORIN A. et PEPIN G. (2004a). Fiche de données toxicologiques et environnementales des substances chimiques : Cadmium et ses dérivés. INERIS-DRC-01-25590 – ETSC – APi/SD, n°00df249, 50 p.

PICHARD A., BISSON M., DIDERICH R., HOUEIX N., HULOT C., LACROIX G., LEFEVRE J. P., LEVEQUE S., MAGAUD H., MORIN A. et PEPIN G. (2004b). Fiche de données toxicologiques et environnementales des substances chimiques : Cuivre. INERIS-DRC-01-25590 – ETSC – APi/SD, n°02df54, 55 p.

PICHARD A., BISSON M., DIDERICH R., HOUEIX N., HULOT C., LACROIX G., LEFEVRE J. P., LEVEQUE S., MAGAUD H., MORIN A., ROSE M. et PEPIN G. (2004c). Fiche de données toxicologiques et environnementales des substances chimiques : Chrome et ses dérivés inorganiques. INERIS-DRC-01-25590 – ETSC – APi/SD, n°00df253, 68 p.

PINDER G. F. et GRAY W. G. (1977). Finite element simulation in surface and subsurface hydrology, academic press, 295p.

PITT R., CLARK S. et PARMER K. (1994). Potential groundwater contamination from intentional and nonintentional stormwater infiltration. Springfield (USA) : US environmental Protection Agency, 187 p.

POTELON J. L (1993). La qualité des eaux destinées à la consommation humaine: Guide de lecture et interprétation des analyses. La lettre du cadre territorial, Voiron, 156 p.

PRICKETT T. A. et LONQUIST C. G. (1971). Select digital computer techniques for groundwater resource evaluation. *Illinois State Water Survey Bulletin*, vol. 55, 62 p.

PRICKETT T. A. (1975). Modelling techniques for groundwater evaluation. *In* Wang H. F., Anderson M. P. (eds) : Introduction to groundwater modelling : Finite difference and finite element methods. Academic Press Inc., 224 p.

RAMADE F. (1992). Précis d'écotoxicologie, collection d'écologie, Paris, Masson, 304 p.

REINHARD M., GOODMAN N. L. et BAKER J. F. (1984). Ocurrence and distribution of organic chemicals in landfill leachate plumes. *Environ. Sci. Technol.*, vol. 18, pp 953-961.

ROBERT M. (1996). Le sol : interface dans l'environnement, ressource pour le développement, Sciences de l'environnement, paris, Masson, 241 p.

SANE Y. (2002). La gestion des déchets à Abidjan : un problème récurrent et apparemment sans solution. *AJEAM/RAGÉE,* Vol. 4, n°1, pp 13-22.

SAUTY J. P. (1980). An analysis of hydrodispersive transfer in aquifers. *Water Resour. Res.,* vol. 16, pp 145-158.

SCHOLL M. A., COZZARELLI I. M. et CHRISTENSON S. C. (2006). Recharge processes drive sulfate reduction in an alluvial aquifer contaminated with landfill leachate. *J. Contam. Hydrol.,*   vol. 86, pp 239-261.

SEABER P. R. (1988). Hydrostratigraphic units. *In* Back W., Rosenshein J. S., Seaber P. R. (Eds): Hydrogeology. The geology of North America, vol. 0-2, *Geo. Soc. Amer*, pp 9-14.

SENESI N., BRUNETTI G., LA CAVA P. et MIANO T. M. (1994). Adsorption of Alachlor by humic acids from sewage sludges and amenden and non-amended soils. *Soil Science,* vol. 157, pp 176–184.

SMITH K.A. et PATERSON J. E. (1995). Manganèse and cobalt, *In* Alloway B. J. (Ed) : Heavy metal in soil. *Blackies Academic and professional,*   pp 224-243.

SOGREAH (1996). Etude de la gestion et de la protection de la nappe assurant la production en eau potable d'Abidjan. Etude sur modèle mathématique. Rapport final ; synthèse des résultats, volume 2, République de Côte d'Ivoire, Ministère des infrastructures économiques, Direction et Contrôles des Grands Travaux (DCGTx), 30 p.

SOPHOCLEOUS M., STADNYK N. G. et STOTTS M. (1996). Modelling impact of small Kansas landfill on underlying aquifer. *J. Environ. Eng.,* vol. 122, n°12, pp 1067-1077.

SOUTTER M. et MUSY A. (1996). Contamination des eaux souterraines par des pesticides : carte de risque et d'incertitudes. *Rev. Sci. Eau,* vol. 10, n°1, pp 103-120.

SUH J. Y., BIRCH G. F., HUGHES K. et MATTHAI C. (2004). Spatial distribution and source of heavy metals in reclaimed lands of Homebush Bay: the venue of the 2000 Olympic Games, Sydney, New South Wales. *Austral. J. Earth Sci.,* Vol. 51, Issue 1, pp 53-56.

TAPSOBA S.A. (1990). Etude géologique et hydrogéologique du bassin sédimentaire de la Côte d'Ivoire : Recharge et qualité des eaux dans l'aquifère côtier (Région de Jacqueville). DEA, Université Cheick Anta Diop-Dakar, 69 p.

TAPSOBA S. A. (1995). Contribution à l'étude géologique et hydrogéologique de la région de Dabou (Sud de la Côte d'Ivoire): hydrochimie, isotopie et indice cationique de vieillissement des eaux souterraines. Thèse de Troisième cycle, Université de Côte d'Ivoire, 200 p.

TASTET J.-P. (1979). Environnements sédimentaires et structuraux du Quaternaire du littoral du Golfe de Guinée. (Côte d'Ivoire, Togo, Bénin). Thèse de Doctorat d'état, Université de Bordeaux I, 181 p.

THEIS C. V. (1935). The relation between the lowering of piezometer surface and the rate of duration of discharge of a well using groundwater storage. *Am. Geophys. Union Tran.,* vol. 16, pp 519-524.

THORNTHWAITE C.W. (1954). An approach toward a rational classification of climate, *Trans. Amer. Geophys. Union*, Vol. 27, pp 55-99.

TORLUCCI J. Jr. (1982). The distribution of heavy Metal Concentration in Sediment surrounding a sanitary Landfill in the Hackensack Meadowlands, New Jersey. http://Cimic.rutgers.edu/ecorrisk/mallandfill/mal-landfill//.html

TRESCOTT P. C., PINDER F. et LARSON P. (1976). Finite difference models for aquifer simulation in two dimensions with result of numerical experiments. US geological Survey techniques of water resources investigations, book 7, chapter C1, 116 p.

TSANIS I. K. (2006). Modeling Leachate Contamination and Remediation of Groundwater at a Landfill Site. *Water Resour. Manage.*, vol. 20, pp 109-132.

TURC L. (1961). Evaluation des besoins en eau d'irrigation, évapotranspiration potentielle, *Ann. Agr.*, vol. 12, pp 13- 49.

VAN GENUCHTEN M. T. (1981). Analytical solutions for chemical transport with simultaneous adsorption, zero-order production and first-order decay. *J. Hydrol.*, vol. 49, pp 213-233.

VILLENEUVE J. P., HUBERT P., MILLHOT A. et ROUSSEAU A. N. (1998). La modélisation hydrologique et la gestion de l'eau. *Rev. Sci. Eau*, n° spécial, pp 19-39.

VILOMET J. D. (2000). Evaluation du risque lié à une décharge d'ordures ménagères : suivi de la qualité d'un aquifère au moyen des isotopes stables du plomb et du strontium. Corrélation avec des polluants spécifiques des lixiviats, Thèse de Doctorat, Université d'Aix-Marseille, 137 p.

WAKIDA F. T. et LERNER D. N. (2005). Non agricultural sources of groundwater nitrate: a review and case study. *Water Research*, vol. 39, issue 1, pp 3-16.

WALTON W. C. (1984). Analytical groundwater modelling programmable calculators and hand-held computers. *In* Rosenshein J., Bennett G. D. (Eds): Groundwater hydraulics. American geophysical union monograph 9,   pp 298-312.

WANG A. F. et ANDERSON M. P. (1982). Introduction to groundwater modelling. Finite difference and finite element methods, academic press,   233 p.

WATERLOO HYDROGEOLOGICAL INC. (1999). Visual Modflow User's Manual, Waterloo, Canada, 381 p.

WEXLER E. J. (1992). Analytical solution for One, Two and Three-dimensional solute transport in groundwater system with uniform flow, U.S Geological survey techniques of water resources investigations, Book 3, Chapter B7,   190 p.

WILLIAM M. A. (1993). Regional groundwater quality, US Geological Survey, Van Nostrand Reinhold, Library of congress catalog Card Number 92- 38483, 153 p.

WILLIGEN P. (1991). Nitrigen turnoffin the soil crop system. Comparison of fourteen simulation models. *Fert. Res.,* vol. 27, pp 141-149.

WILSON J. L. et MILLER P. G. (1978). Two-dimensional plume in uniform ground-water flow. *ASCE J. Hydr. Div. 104,* pp 503–514.

XUE S. K., ISKANDAR I. K. et SELIM H. M. (1995). Adsorption-desorption of 2, 4, 6-trinitrotoluene and hexahydro-1, 3, 5,-trinitro-1, 3, 5,-triazine in soils. *Soil Science*, vol. 160, pp 317–327.

YACOUB I. (1999). Analyse de l'évolution quantitative et qualitative des ressources en eaux souterraines du grand Abidjan. DEA, Université d'Abobo-Adjamé, 57 p.

YARON B., CALVET R. et PROST R. (1996). Soil pollution processus and dynamics, New York, springer, 313 p.

YEH, G. T. (1981). A Lagrangian-Eulerian method with zoomable hidden fine-mesh approach to solving advection-dispersion equations. *Water Resour. Res.,* vol. 26, pp 1133-1144.

YUN-GUO L., WEI-HUA X., GUANG-MING Z., XIN L. et HUI G. (2006). Cr (VI) reduction by Bacillus sp. isolated from chromium landfill. *Process Biochemistry*, vol. 41, pp 1981–1986.

ZANONI A. E. (1972). Groundwater pollution and sanitary landfills – a critical review. Ground water, vol. 10, pp 3-13.

ZHENG C. (1990). MT3D : A Molecular Three-Dimensonal Transport Model of simulation for advection, Dispersion and Chemical Reaction of Contaminants in groundwater systems, Report to the US Environnental Protection Agency, ADA, OK, 170 p.

ZHENG C. et BENNETT G. D. (1995). Applied contamination transport modelling, New York, Van Nostrand Reinhold, 440 p.

ZHENG C. et BENNETT G. D. (2002). Applied contamination transport modelling, second edition, John Wiley and Sons, Inc., New York, 621 p.

ZHU A., ZHANG   J., ZHAO B., CHENG Z. et LI L. (2005). Water balance and nitrate leaching losses under intensive crop production with Ochric Aquic Cambosols in North China Plain. *Environ. Int.,* Vol. 31, Issue 6 , pp 904 - 912.

ANNEXES

Annexe 1 : Quelques coupes schématiques des forages et sondages de la zones d'Akouédo

Nord

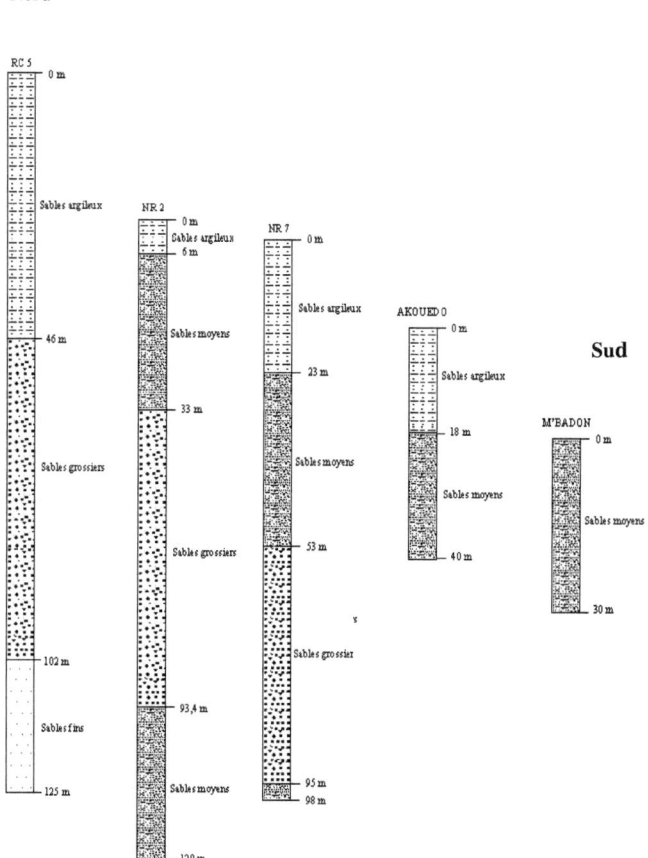

Annexe 2 : Détermination de la transmissivités et de la conductivité hydraulique de la nappe

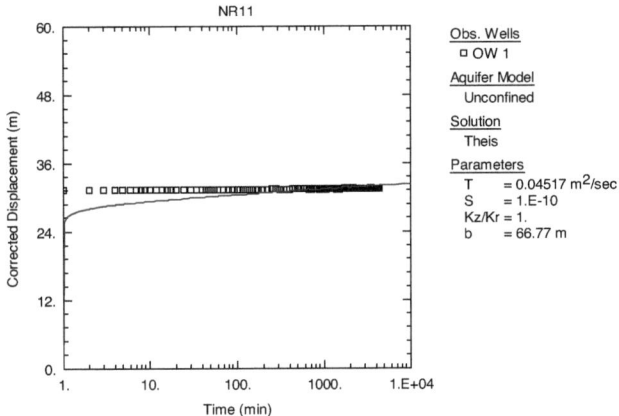

K=6,76. 10-4 m/s

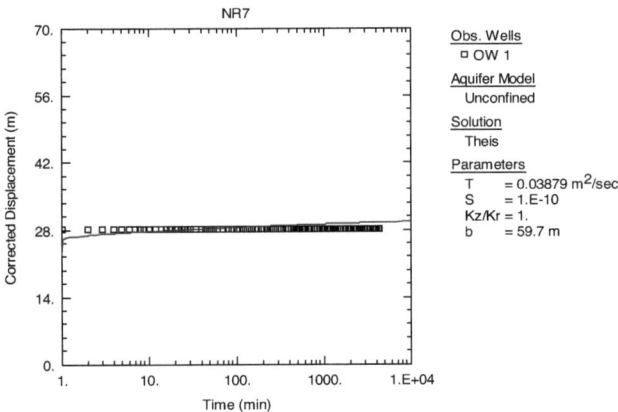

K=6,50. 10-4 m/s

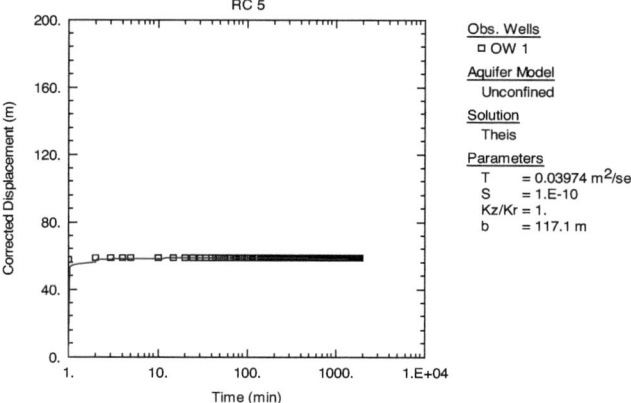

K=3,39. 10^{-4} m/s

Annexe 2 : Historiques piézométriques de la zone d'Akouédo

ZONE EST p2

Date	Niveau piézo (m)
20/02/1992	8,64
27/03/1992	8,8
15/05/1992	8,74
22/06/1992	8,78
12/08/1992	8,42
15/10/1992	8,23
23/11/1992	7,68
22/12/1992	8,52
16/02/1993	7,56
16/04/1993	7,62
06/07/1993	7,51
14/09/1993	7,3
09/02/1994	7,37
28/03/1994	7,1
31/08/1994	7,14
27/10/1994	6,99
02/12/1994	7
11/01/1995	6,88
28/03/1995	7,1
07/07/1995	6,85
27/02/1996	6,97
16/02/1998	9,43
05/02/1999	8,81
22/03/2000	9,63
16/06/2000	8,78
31/08/2000	8,73
13/12/2000	8,79
08/08/2003	9,07
08/10/2003	9,08
10/12/2003	8,85
11/01/2004	8,91
12/05/2004	8,47
13/06/2004	9,3
15/07/2004	8,6
16/08/2004	9,09
17/09/2004	8,01
19/10/2004	7,93
22/12/2004	8

AKOUEDO PIEZO

Date	Niveau piézo (m)
04/02/1992	3,71
09/03/1992	3,31
22/06/1992	3,61
18/08/1992	3,51
14/10/1992	3,63
20/10/1992	3,52
24/11/1992	3,69
15/12/1992	3,7
18/02/1993	3,59
16/04/1993	3,56
13/07/1993	3,94
23/09/1993	4,14
01/09/1994	3,67
27/10/1994	3,62
02/12/1994	3,71
11/01/1995	3,65
30/03/1995	3,57
10/07/1995	3,96
12/12/1995	4,14

M'pouto SODECI

Date	Niveau piézo (m)
26/02/1992	0,56
27/03/1992	0,62
18/05/1992	0,73
22/06/1992	1,19
14/10/1992	0,61
15/12/1992	0,60
18/02/1993	0,60
16/04/1993	0,75
13/07/1993	1,21
23/09/1993	0,79

NR3	
Date	Niveau piézo (m)
04/02/1992	7,2
09/03/1992	7,4
22/06/1992	7,0
18/08/1992	7,3
14/10/1992	7,1
15/12/1992	7,2
mai-03	5,32
juin-03	5,3
juil-03	5,22
août-03	5,29
sept-03	5,4
oct-03	5,5
nov-03	5,43
déc-03	5,49

NR6	
Date	Niveau piézo (m)
19/02/1998	5,24
22/03/2000	4,61
13/12/2000	4,36
mai-03	4,84
juin-03	4,4
juil-03	5,07
août-03	5,11
sept-03	5,11
oct-03	5,14
nov-03	5,07
janv-04	4,7

NR5	
Date	Niveau piézo (m)
mai-03	5,37
juin-03	5,25
juil-03	5,17
août-03	6,19
sept-03	6,31
oct-03	6,42
nov-03	5,36
déc-03	5,39
janv-04	4,54

NR7	
Date	Niveau piézo (m)
mai-03	8,45
juin-03	8,2
juil-03	8,17
août-03	8,24
sept-03	8,18
oct-03	8,12
nov-03	7,07
déc-03	8,09
anv-04	7,83

RC7	
Date	Niveau piézo (m)
août-03	15,5
oct-03	14,5
déc-03	14,33
janv-04	14,88
mai-04	13,5
juin-04	13,49
juil-04	13,85
août-04	13,88
sept-04	13,14
oct-04	12,94
déc-04	12,24

Annexe 3 : Données climatiques

Précipitations moyennes mensuelles en mm de 1990 à 2003 à Abidjan.

	1990	1991	1992	1993	1994	1995	1996	1997	1998	1999	2000	2001	2002	2003
Janv	4	46	0	11	154	3	0	6	25	19	55	0,3	7,5	
Fév	17	39	23	23	45	3	25	12	87	33	45	45,4	74,3	
Mars	45	62	21	242	95	123	61	139	7	37	80	97,4		
Avril	64	256	207	187	183	137	130	377	105	300	324	318		
Mai	132	301	389	220	244	236	386	253	136	176	380	209		229
Juin	301	330	326	494	349	467	440	605	159	581	758	516		346
Juil	49	116	31	44	54	82	663	18	56	269	257	394		1
Août	11	27	12	22	14	5	96	2	18	44	8	37,8		3,2
Sept	22	14	52	47	27	0	3	7	25	9	10	56,1		28,5
Oct	149	80	343	164	417	0	10	261	234	50	27	208		164
Nov	148	130	226	151	153	0	222	96	209	159	106	141		76,5
Déc	98	14	109	68	36	0	43	96	86	43	19	2,2		115

Températures moyennes mensuelles en °C de 1990 à 2003 à Abidjan.

	1990	1991	1992	1993	1994	1995	1996	1997	1998	1999	2000	2001	2002	2003
Janv	23,5	23,7	22,7	22,8	23,6	21,8	24,9	26,5	27,7	28	28,1	28,2	27,7	
Fév	24,8	25,6	25,8	26,2	25,3	25,5	25,6	27,9	29,2	28,7	28,3	28,3	28,6	
Mars	27,2	26,2	26,3	25,5	26,2	26,1	26	27,9	29,6	28,7	29,5	28,9	28,4	
Avril	26,5	25,7	26,1	26	26,1	26	26,4	27,3	29,2	28,8	29	28,5	28,7	
Mai	26	25,4	25,7	26,2	25,6	25,9	26	27,3	28,4	28,4	28,6	28,4	28,7	28,2
Juin	25	25,4	24,6	25	24,9	25	24,8	26,1	26,9	27,5	27,1			26,1
Juil	23,1	23,8	23,5	23,8	23,6	24	23,9	24,6	25,2	26,6	26	25,3		25,3
Août	23,7	23,7	23,4	24,9	24	24,1	23,8	23,6	24,1	25,2	25,5	23,8		24,1
Sept	24,3	24,4	23,7	24	24,3	24,3	24,2	26	24,9	24,3	26,1			25,7
Oct	24,7	24,1	24,6	24,9	24,5	24,6	24,5	27,4	27,1	26,7	27,3			27,6
Nov	24,9	24,1	23,9	24,9	24,4	25	24,2	28,2	28,3	28,5	29,3			28,5
Déc	23,4	22,9	24,3	23,2	22,1	23,6	23,9	28,1	28,2	28,9	28,6			28

Coefficients correctifs à Abidjan,

Janv	Fév	Mars	Avril	Mai	Juin	Juil	Août	Sept	Oct	Nov	Déc
1,02	0,93	1,03	1,02	1,06	1,03	1,06	1,05	1,01	1,03	0,99	1,02

Annexes 4 : Caractéristiques physico-chimiques de la décharge d'Akouédo en comparaison avec les données de la littérature

Paramètres	Décharge d'Akouédo		Jakusevec (Nevenka et al., 1998)		Marrakech (Hakkou et al., 2001)		Etats-Unis (Lee J, et Lee G., 1993)		Rabat (El Khamlich et al., 1997)		Europe (Christensen et al., 1994)	
	Min	Max	Min	Max	Min	Max	Min	Max	Min	Max	Min	Max
pH	7,81	8,11	7,6	8,9	5,87	8,01	5	7,5	7	8	4,5	9
T°(°C)	33,7	39,5										
Conductivité (µS/cm)	375	7770	360	1350	26 130	74 600	2.10^6	8.10^6	23 000	62 000	2 500	25 000
Salinité (‰)	0,3	44,9										
Eh (mV)	-68	-57			-4,38	-75						
O$_2$ (mg/L)	0,1	0,33			0	0,3						
MES (mg/L)	187,33	1800										
NO$_3^-$ (mg/L)	40	242,4	9	11	0,1	221	0,1	10				
NO$_2^-$ (mg/L)	0,03	8	0	0	7	71			4,84			
SO$_4^{2-}$ (mg/L)	35	3200,2			877	6 230	10	1 000			8	7 750
Cl-(mg/L)	34,02	5800,2	360	2480	3 203	27 580	100	2 000	2 269	24 815	150	4 500
PO$_4^{3-}$ (mg/L)	11	86,4					1	60				
NTK (mg/L)	153,5	505			889	4 774	10	500				
Na+ (mg/L)	79,8	2920			1 780	20 355	200	1500	2 740	3 500		
Ca^{2+} (mg/L)	34,6	54,12			505	6 000	100	3 000	300	600	70	7 700
Mg^{2+} (mg/L)	27,06	54			545	1560	30	500	634	2078	50	3 700
DCO (mg/L)	956,89	2189,3	1500	6210	26 880	138 240	1 000	50 000	260	50 112	140	90 000

Annexes

DBO$_5$ (mg/L)	382,76	1150		9 200	26 000	1 000	30 000	5	10 500	20	57 000
DBO$_5$ / DCO	0,4	0,52		0,13	0,38					0,02	0,8

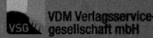